LINE & Instagram & Twitter & Facebook 完全活用マニュアル
iPhone & Android 対応

編著 リブロワークス

JN216533

はじめに

　本書はLINE、Instagram、Twitter、Facebookのさまざまな使い方を網羅した書籍です。
　iPhoneやAndroidスマートフォンが広く普及したことで、従来のメールや電話などの代わりに、これらのSNSアプリでコミュニケーションを取ることも一般的となりました。しかし普段から利用している機能のほかにどんな使い方ができるのか実はよく知らない、またはセキュリティが不安で利用を躊躇している人も意外と多いのではないでしょうか。
　そこで本書では基本操作のほか、ちょっと便利なテクニックや、セキュリティに関する設定なども余すところなく紹介しています。きちんとした使い方を知っておけば、無用なトラブルをなくしつつ、よりSNSを楽しむことができるでしょう。
　本書が読者のみなさんのSNSライフの一助となれば幸いです。

リブロワークス

/ LINE&Instagram&
Twitter&Facebook
完全活用マニュアル
CONTENTS

STARTUP
アプリをインストールする……11

| 001 | SNSをはじめよう | iPhoneにアプリをインストールする …… 11 |
| 002 | | Androidにアプリをインストールする …… 13 |

CHAPTER 1
LINEを使いこなす……15

001	概要	LINEって何？ …… 16
002		LINEでどんなことができるの? …… 17
003	プロフィール／アカウント	LINEのアカウントを取得する …… 18
004		プロフィール写真を変更する …… 21
005		LINEのIDを設定する …… 22
006		年齢認証を行う …… 24
007	友だち	友だちを招待する …… 26
008		QRコードで友だちを追加する …… 28
009		ID／電話番号検索で友だちを追加する …… 30
010		ふるふるで友だちを追加する …… 32
011		「知り合いかも？」から友だちを追加する …… 33
012		友だちをお気に入りに登録する／解除する …… 34
013		友だちをブロック／非表示にする …… 35
014	トーク	トークでメッセージを送る …… 37

003

No.	分類	項目	ページ
015	トーク	アルバムを作成する	39
016		ノートを作成する	40
017		ノートの投稿を確認・返信する	41
018		スタンプを送る	42
019		絵文字を送る	44
020		写真／動画を送る	45
021		いろいろな情報を送信する	46
022		メッセージを返信する	48
023		既読を付けずにメッセージを読む	49
024		トークの履歴をバックアップする	53
025		トークの通知設定を変更する	57
026		トークルームの背景を変更する	61
027		トークの便利テクニックを活用する	62
028	公式アカウント／LINE@	公式アカウントを友だちに追加する	64
029		クーポンを利用する	66
030		天気予報を確認する	67
031		宅配便の配達状況を確認する	68
032	スタンプショップ	LINEコインをチャージする	72
033		有料スタンプを購入する	73
034		使わないスタンプを削除する	75
035	グループ	トークルームに友だちを追加する	76
036		グループを作成する	78
037		グループを編集する	80
038		グループでアルバムやノートを共有する	82
039		グループから退会する	84
040	通話	無料通話を発信する	85
041		ビデオ通話を発信する	86
042		固定電話やLINEを使っていない人と音声通話する	87
043	ホーム／タイムライン	ホームに投稿する	89
044		タイムラインに投稿する	91
045		タイムラインの投稿を修正／削除する	92

046	ホーム／	タイムラインの投稿に返信する	93
047	タイムライン	タイムラインの投稿範囲を設定する	95
048		タイムラインの公開リストを作成する	97
049	関連／	LINEの関連・ゲームアプリをインストールする	99
050	ゲームアプリ	おすすめLINEアプリ	100
051	セキュリティ	パスコードロックを設定する	102
052		IDで検索されないようにする	104
053		LINEの友だち自動追加機能をオフにする	105
054		友だち以外からのメッセージを拒否する	106
055		セキュリティをさらに高める	107
056		「1Password」でLINEのパスワードを管理する	109
057		トークルームで怪しい人物を通報する	111
058		LINEのデータを他の機種に受け継ぐ	112
059	その他	連動アプリの通知をオフにする	114
060		連動アプリを確認・解除する	115
061		Facebookとの連携を解除する	116
062		大事な写真や動画を保存する	117
063		ほかの端末のログインを許可する	118
064		アカウントを削除する	119

CHAPTER 2
Instagramを使いこなす 121

065	概要	Instagramって何？	122
066		Instagramでどんなことができるの？	123
067	アカウント	Instagramのアカウントを取得する	124
068		プロフィール写真を設定する	126
069		ユーザー情報を追加する	127
070	ユーザー関連	Facebookの友だちやスマホの連絡先を検索する	128
071		ユーザー名で検索する	130

072	ユーザー関連	ユーザーをフォローする	131
073	タイムライン	タイムラインに写真や動画を投稿する	132
074		写真にフィルタ効果を追加する	134
075		写真の投稿時に角度や明るさを調整する	135
076		投稿する写真にタグ付けする	136
077		投稿する写真に位置情報を追加する	137
078		ハッシュタグを付けて投稿する	138
079		投稿した写真を削除する／編集する	139
080		投稿に「いいね！」を付ける	140
081		投稿にコメントを付ける	141
082		友達や自分の近況を確認する	142
083		過去に投稿した自分の写真を確認する	143
084		タグや位置情報を確認する	144
085		ハッシュタグを楽しむ	145
086	関連アプリ	Instagramの関連アプリを利用する	146
087	設定／セキュリティ	各種通知のオン／オフを切り替える	147
088	ユーザー関連	フォロー中のユーザーとフォロワーを確認する	148
089		フォローを解除／ブロックする	149
090	設定／セキュリティ	アカウントを非公開にする	150
091	アカウント	アドレスを変更したり電話番号を追加する	152
092	設定／セキュリティ	パスワードを変更する	154
093		Instagramのアカウントを追加したり切り替える	156
094		Instagramからログアウトする	157
095		Instagramのアカウントを削除する	158

CHAPTER 3
Twitterを使いこなす ……159

096	概要	Twitterって何？	160
097		Twitterでどんなことができるの？	161

098	アカウント	アカウントを作成する	162
099		プロフィール写真を設定する	164
100		プロフィール情報を登録する	165
101	フォロー／フォロワー	知り合いを検索してフォローする	166
102		人気のユーザーをフォローする	168
103		フォローした相手、フォロワーを確認する	169
104		ユーザーをミュート、ブロックする	171
105		リストを作成する	173
106		特定のユーザーのツイートだけを確認する	175
107		特定のユーザーが投稿した写真や動画を一覧で見る	176
108	タイムライン	ツイートを投稿する	177
109		特定のユーザー宛にツイートする	178
110		写真や動画を添付する	180
111		その場で写真や動画を撮影してツイートする	182
112		同じ話題のツイートをする	184
113		ツイートに返信する	186
114		ツイートを削除する	187
115		相手と1対1でやり取りする	188
116		リツイート・引用リツイートを行う	190
117		気になったWebの記事をツイートする	192
118		気に入ったツイートを管理する	194
119		通知をチェックする	196
120		最新のニュースを確認する	197
121		人気のツイートやトレンドを確認する	198
122		キーワードで話題を検索する	200
123	その他設定／セキュリティ	2段階認証を設定する	202
124		各種通知を減らす	204
125		ツイートを非公開にする	205
126		画像のタグを削除する	207
127		Twitterで検索されないように制限する	209
128		ダイレクトメッセージの受信を制限する	210

129	その他設定／	アップロードした連絡帳を削除する	211
130	セキュリティ	Twitterのアカウントを削除する	213

CHAPTER 4
Facebookを使いこなす ……… 215

131	概要	Facebookって何？	216
132		Facebookでどんなことができるの？	217
133	プロフィール／アカウント	アカウントを作成する	218
134		プロフィール写真を設定する	222
135		カバー写真を設定する	223
136		タイムラインのプロフィールを登録する	224
137		名前を編集する	225
138	友だち	友達を検索する	227
139		友達リクエストを送信する	229
140		QRコードで友達を追加する	231
141		「知り合いかも」から友だちになる	232
142		Facebookのおすすめの人を友だちにする	233
143		連絡先の知り合いを探す	234
144		友達のプロフィールを確認する	236
145		友達を削除する	237
146	ニュースフィード／タイムライン	ニュースフィードに近況を投稿する	238
147		スマートフォンの写真や動画を送る	241
148		投稿の公開範囲を変更する	243
149		位置情報を投稿する	245
150		投稿を削除・編集する	246
151		自分のタイムラインを表示する	248
152		友達のタイムラインを閲覧する	249
153		投稿内容を友達とシェアする	250
154		友達の投稿にコメントしたり、「いいね！」を付ける	252

008

No.	カテゴリ	タイトル	ページ
155	ニュースフィード／タイムライン	「いいね！」以外のリアクションをする	253
156		「いいね！」やコメントを確認／返信する	254
157		アルバムを作成する	256
158		写真と友達を関連付ける	258
159		友達をリスト分けする	260
160		イベントを作成する	262
161		アクティビティログで過去の投稿を確認する	261
162		企業などが開設したFacebookページを見る	266
163	Messenger	友達とチャットする	268
164		Messengerでグループを作成する	270
165	グループ	Facebookでグループを作成する	272
166		グループに投稿する	274
167		グループを編集する	276
168		グループへの参加を承認制にする	278
169		グループへの投稿を承認制にする	279
170		グループを退会する	280
171	関連アプリ	Facebookの関連アプリを利用する	281
172	セキュリティ／プライバシー	ログイン用のパスワードを変更する	282
173		2段階認承を設定する	284
174		連絡先のアップロードを中止する	285
175		不正ログインされていないか確認する	286
176		写真を自動でFacebookに保存されないようにする	287
177		プライバシーを保護するための設定を行う	288
178		特定の友達をブロックする	290
179		各種通知を減らす	292
180		タイムラインに投稿できる人を制限する	293
181		自分の写真が掲載される前に確認する	294
182		自分の写真の共有範囲を制限する	295
183		ほかの人に追加されたタグを管理する	296
184		ほかのアプリとの連携を解除する	297
185		ほかのアプリが取得できる情報を変更する	299

| 186 | セキュリティ／プライバシー | ほかのアプリでFacebookアカウントを使用しない | 300 |
| 187 | | Facebookの利用を中止する | 301 |

CHAPTER 5
連携技を使いこなす ……… 303

188	Instagramと各SNS	Instagramの写真を他のSNSに投稿する	304
189		Instagramの写真をLINEに投稿する	305
190	各SNSのアカウント管理	複数のSNSのアカウントを一括管理する	306
191	TwitterとFacebook	Twitterの投稿内容をFacebookにも表示させる	308
192	LINEとFacebook	LINEとFacebookを連携させる	310
193	スマートフォンの共通設定	各種通知が表示されないようにする	312
194	その他Q&A	気になる疑問の対応策をおさえる	314

INDEX ……… 316

■おことわり
○本書に記載されたURL、サービスなどは予告なく変更される場合があります。
○本書の内容については正確な記述につとめましたが、著者や出版社などのいずれも、本書の内容に対して何らの保証をするものではなく、いかなる運用結果に関しても一切の責任を負いません。
○本書に掲載されているアプリの画像イメージは、2016年3月時点のバージョンで撮影したものです。アプリのバージョンのアップデートなどにより、実際の操作方法や画面が記述内容と異なる場合があります。
○本書に記載されている製品名、サービス名などは、一般の商標または登録商標です。
○誌面内に掲載されている各商品などの価格は、すべて税込価格となります。なお、価格は2016年3月時点ののものです。価格は変更される場合がございます。

START UP 001

はじめに SNSをはじめよう

iPhoneにアプリを
インストールする

LINEをはじめとするSNSを利用するために、まずは［App Store］からそれぞれのアプリをインストールしましょう。ここではFacebookを例に手順を紹介しますが、それ以外のアプリもほぼ同じ操作でインストールすることができます。

アプリをインストールする

iPhoneでアプリをインストールするには、Apple IDが必要になります。未取得の場合は、「設定」アプリから作成しましょう。インストール後はホーム画面からアイコンをタップして、アプリを起動することができます。

1 ホーム画面で［App Store］をタップ

App Storeが起動する

2 ［検索］をタップ

3 入力欄にアプリの名前を入力（この場合は「Facebook」）

4 表示された候補をタップ

HINT Apple IDを新規作成する

ホーム画面から「設定」アプリを起動し、［iCloud］をタップしたあと画面下部の［Apple IDを新規作成］をタップすると、Apple IDを新しく作成できます。

作成したApple IDは「設定」アプリの「iTunes＆App Store」をタップして登録しましょう。

アプリの詳細が表示される

5 ［入手］→［インストール］をタップ

アプリのインストールが完了する

6 Apple IDのパスワードを入力

7 ［OK］をタップ

9 ホームボタンを押して、ホーム画面に戻る

アプリのアイコンが追加されているのを確認できる

iPhone 6sの場合はTouch IDを使うかの通知が表示される

8 ここでは［今はしない］をタップ

追加購入に関しての通知が表示されたら、［常に要求］［15分後に要求］のどちらかをタップする

COLUMN
「設定」アプリからインストールする

FacebookとTwitterは、ホーム画面の「設定」アプリ下部からそれぞれ［Facebook］［Twitter］をタップすることでインストールできます。

012　「設定」アプリからインストールする場合も、Apple IDが必要となります。

START UP 002

はじめに SNSをはじめよう

Androidにアプリを インストールする

Androidの場合は、[Play ストア]からアプリをインストールすることができます。スマートフォンの機種によってやや画面構成が異なる場合がありますが、おおまかな手順はほぼ同じです。

アプリをインストールする

AndroidではGoogleアカウントを利用して、アプリをインストールできます。公式サイトから、あらかじめ取得しておきましょう。インストール後は「マイアプリ＆ゲーム」のメニューから更新したり、アンインストールしたりできます。

1 ホーム画面で[Play ストア]をタップ

Play ストアが起動する

2 [アプリとゲーム]をタップ

3 画面上部の入力欄をタップ

4 インストールしたいアプリの名前を入力（この場合は「instagram」）

5 表示された候補を2回タップ

アプリの詳細が表示される

6 [インストール]をタップ

Googleアカウントはhttps://accounts.google.com/signup?hl=jaで作成することができます。

013

アプリのアクセス権限を求める画面が表示される

ホーム画面にアプリのアイコンが追加されているのを確認できる

7 ［同意する］をタップ

アプリのインストールが開始される

アプリのインストールが完了した

8 ホームボタンを押して、ホーム画面に戻る

アプリをアンインストールする

一度インストールしたアプリは、あとからアンインストール（削除）できます。Androidの場合はPlayストア画面左上の☰をタップし、［アプリ＆ゲーム］をタップして、任意のアプリをタップしたあと、［アンインストール］をタップします。
iPhoneの場合はホーム画面でアプリのアイコンを長押ししたあと、［×］→［削除］をタップしましょう。

すべてのアプリはアンインストールしても、再度インストールすることが可能です。

CHAPTER 1
LINEを使いこなす

LINE 概要

LINEって何？

CHAPTER 1 001

「LINE」（ライン）は、無料でメッセージのやりとりや音声通話ができるアプリです。2011年のサービス開始から爆発的な人気を博し、日本はもちろん世界中のスマホユーザーが利用しています。

● トーク

LINEの最大の特長は、「トーク」です。トークではチャットのようにリアルタイムでメッセージのやり取りができます。また、「スタンプ」というイラストアイコンを使って気軽に気持ちが伝えられるのも人気の理由に挙げられるでしょう。

「トーク」では画面の右側に自分のメッセージが、左側に相手のメッセージが表示される。

● 無料通話

時間を気にせず、音声やビデオでいつまでも通話することができる。

● タイムライン

タイムラインでは、最新のニュースや友だちの近況を確認できる。

LINEはタブレットやパソコンでも利用できます。詳細は公式サイトを参照しましょう。

LINE 概要

LINEってどんなことができるの？

LINEを存分に楽しむには、まず「友だち」の登録が必要です。そのあとで、トークや無料通話が可能となります。このほか有名店のセール情報を入手したり、グループで連絡を取り合うこともできます。ここではLINEの主な機能を解説します。

● さまざまな方法で友だちを追加する

LINEにはトークや音声通話・ビデオ通話などが備わっており、さまざまな方法でコミュニケーションできます。これらの機能を使うには友だち登録が必要で、友だちの登録にも、複数の方法が用意されています。

● トークでスタンプを送る

人気機能の「トーク」では、メッセージ以外にも、「スタンプ」と呼ばれる表情豊かなイラストを送れます。このスタンプは最初から何種類か用意されていますが、「スタンプショップ」から有料で購入することも可能です。

● 公式アカウントでお得な情報を入手する

友だちリストには、知人や家族のほか、さまざまな企業や芸能人の「公式アカウント」も追加できます。追加するとキャンペーン情報やクーポンをトークで受け取れるようになり、食事や買い物などで大いに役立てられます。

> 小規模な店舗を中心とした「LINE@」でもお得な情報やクーポンを入手できます。

CHAPTER 1

003

LINE プロフィール／アカウント

LINEのアカウントを取得する

スマートフォンに「LINE」をインストールしたら、ホーム画面から起動して初期設定を行いましょう。電話番号、メールアドレスはアカウント取得の際に必要となるので、あらかじめ確認しておきましょう。

LINEの初期設定を行う

P.11〜14を参照してLINEをインストールしておく

1 [LINE]をタップ

3 [新規登録]をタップ

2 [OK]をタップ

LINEの通知方法はあとから「設定」アプリで変更できる（P.57参照）

4 電話番号を入力

5 [番号認証]をタップ

018　すでにアカウントを持っている場合は、手順3で［ログイン］をタップして、ログインします。

6 ［OK］をタップ

SMSでLINEから4桁の認証番号が届くので確認する

7 認証番号を入力

8 ［次へ］をタップ

9 ［新規登録］（Androidの場合は［アカウント新規作成］）をタップ

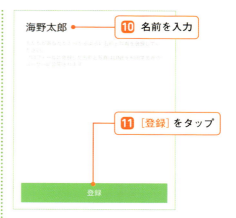

10 名前を入力

11 ［登録］をタップ

Androidでは手順**10**で名前を入力したあと、「友だち自動追加」と「友だちへの追加を許可」をタップしてオフにしたあと、［登録］をタップする

12 ［年齢確認をしない］（Androidでは［スキップする］）をタップ

COLUMN

 電話番号がない場合は？

電話番号がない場合は、P.18の手順**5**で［Facebookでログイン］をタップします。Facebookアカウントの作成方法はP.218を参照してください。なお、Facebookアカウントを利用した場合は、無料通話などが利用できません。

登録した名前はあとから変更できます。名前の変更はプロフィール画面で行います。

13 [キャンセル]をタップ

メールアドレスに4桁の認証番号が届く

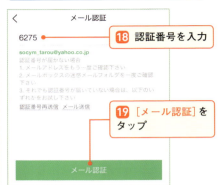

18 認証番号を入力

19 [メール認証]をタップ

14 メールアドレスを入力

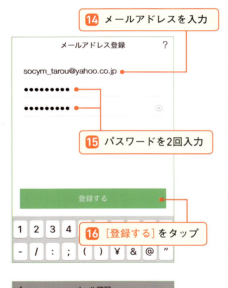

15 パスワードを2回入力

16 [登録する]をタップ

20 [OK]をタップ

初期設定が完了し、LINEの友だち画面が表示される

17 [OK]をタップ

登録したメールアドレスは、機種変更時にLINEアカウントを引き継ぐときに利用します。

CHAPTER 1
004

LINE プロフィール／アカウント

プロフィール写真を変更する

LINEは、自撮りや風景、動物など好きな写真をプロフィールに設定できます。このプロフィール写真は、相手のトークルームでメッセージを送るたびに表示されるので、お気に入りの一枚を設定するとよいでしょう。

プロフィール写真を変更する

1 …をタップし、「その他」画面を表示する

2 ［プロフィール］をタップ

3 プロフィール写真のアイコンをタップし、表示された通知で［OK］をタップ

4 ［アルバム］をタップ

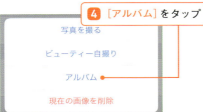

Androidでは、手順**2**のあと［ライブラリから選択］→任意のアプリをタップ

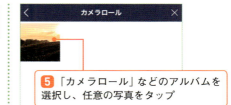

5 「カメラロール」などのアルバムを選択し、任意の写真をタップ

カメラロールのほか、iTunes経由で転送した写真のフォルダも選択できる

編集画面が表示される

6 トリミングやフィルター加工などの編集を行う

7 ［確認］をタップすると、設定が完了する

その場で撮影した写真を設定したい場合は、手順**4**の画面で［写真を撮る］をタップします。

021

LINE プロフィール／アカウント

LINEのIDを設定する

LINEにはユーザー名のほかに、IDも設定できます。LINE IDとは、ユーザーごとに固有の識別記号です。そのIDを友だちに教えることで、友だちに登録してもらうことができます。電話番号などのアカウント情報を教えたくない場合などに利用します。

LINEのIDを設定する

1 ⋯をタップし、「その他」画面を表示する

2 ［プロフィール］をタップ

3 ［ID］をタップ

4 IDを入力

IDは半角英数20文字以内で入力する

> **HINT ID検索を利用するには**
>
> LINEのIDは18歳以上であれば誰でも登録できます。IDを検索できるようにするためには、年齢認証を行わなければなりません。年齢認証の詳細は、P.24を参照してください。

LINE IDは、ほかのユーザーと同じものは登録できません。

使用できるIDの場合は、確認のメッセージが表示される

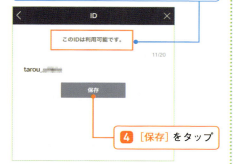

4 [保存]をタップ

LINEのIDが設定される

IDの検索を許可する

1 IDを設定後、「プロフィール」画面を表示する

2 [IDで友だち追加を許可]をタップ

[IDで友だち追加を許可]がオンに切り替わり、ほかの友だちが自分のIDを検索できるようになる

COLUMN どんなIDにすればいい？

IDは、「自分である」と友だちにわかりやすいものを付けるのがおすすめです。しかし、LINEユーザーなら誰でもID検索で友だちに追加できてしまうため、あまり短いIDよりは、20文字ぎりぎりの長いIDを付けるとよいでしょう。

HINT 必要に応じてオン／オフを切り替える

[IDで友だち追加を許可]がオンになると、見知らぬ人に友だちに追加される可能性もあります。いつでもオンにしておくのではなく、特に必要がないときはオフに設定しておくとよいでしょう。

 一度設定したIDは、機種変更後などLINEアカウントを引き継いだ後も継続して利用できます。

LINE プロフィール／アカウント

CHAPTER 1
006 年齢認証を行う

ID検索は安全上の理由から、18歳未満の人は使えません。18歳以上の場合は年齢認証を行えば検索が可能となります。キャリアによって手順は異なりますが、画面の指示に従えば問題ありません。ここでは例としてソフトバンクの手順を解説します。

年齢認証を行う

1 …をタップし、「その他」画面を表示する

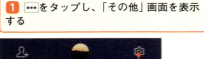

2 ［設定］をタップ

3 ［年齢確認］をタップ

「年齢確認」画面が表示される

4 ［年齢認証結果］をタップ

COLUMN 年齢確認を通過することはある？

最近ではSIMフリーや、「格安スマホ」と呼ばれる機種も人気を博しています。これらの端末では、基本的に年齢認証は行えません。しかし年齢認証のときだけドコモ、au、ソフトバンクのSIMカードを挿入すれば、通過することができます。

本体にSIMカードを挿入していない場合は、年齢認証メニューが表示されません。

5 [年齢確認]をタップ

各キャリアのログイン画面が表示される

6 ID（電話番号）と パスワードを入力

7 [ログイン]をタップ

8 [同意する]をタップ

年齢確認を完了すると、「ID検索可」と表示される

HINT 暗証番号などを忘れない

ここでソフトバンクの場合の手順を解説していますが、auやドコモでも暗証番号が必要となります。これらはスマートフォン購入時に設定するものなので、購入時の書類はなくさないようにきちんと保管しておきましょう。

COLUMN 機種変更時も年齢確認が必要？

機種変更時に以前のLINEアカウントを引き継いで使用する場合、以前のスマートフォンで年齢確認を完了していれば新しい機種で再度年齢確認を行う必要はありません。

どうしても暗証番号がわからない場合は、各キャリアのショップで確認してみましょう。

CHAPTER 1 007

LINE 友だち

友だちを招待する

まだLINEをはじめていない知り合いを友だちに登録したい場合は、LINEへの招待メールを送ってみましょう。スマートフォンのアドレス帳を利用して、EメールまたはSMSのどちらかの送信方法を選択できます。

連絡先の友だちを招待する

● メールを利用する

1 …をタップし、「その他」画面を表示する

2 [友だち追加]をタップ

> **COLUMN 友だちがすでにLINEに登録している場合は？**
>
> すでにLINEをはじめている場合は、アドレス帳の連絡先に「LINE」のアイコンが表示されます。この場合は友だちの自動追加機能を利用しましょう（P.33参照）。

「友だち追加」画面が表示される

3 [招待]をタップ

4 [Email]をタップ

---

026 ⓘ アドレス帳にメールアドレスかSMSの宛先を登録していないと、招待メールを送信できません。

●SMSを送る

アドレス帳の連絡先が表示される

5 [招待]をタップ

招待メールの作成画面に切り替わる

6 必要に応じて本文を修正

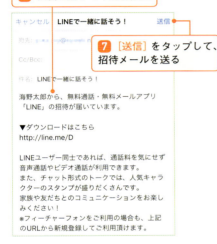

7 [送信]をタップして、招待メールを送る

友だちがLINEに登録すると、友だちリストに追加される

---

1 26ページ**4**の画面で[SMS]をタップ

2 アドレス帳の連絡先をタップ

3 [招待]をタップ

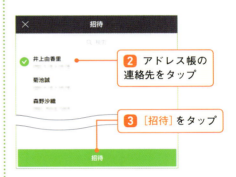

新規メッセージの作成画面に切り替わる

4 [送信]をタップすると、招待のメッセージが送信される

(!) SMSで招待する場合は、友だちにSMSの受信許可を設定してもらう必要があります。

CHAPTER 1 008

LINE 友だち

QRコードで友だちを追加する

自分の近くにいる人とLINEの友だちになりたいときは、QRコードを利用するのが便利です。お互いにQRコードを読み取るだけで、友だちリストに相手が追加されます。

QRコードを表示する

1 ・・・をタップし、「その他」画面を表示する

2 ［友だち追加］をタップ

「友だち追加」画面が表示される

3 ［QRコード］をタップ

QRコードリーダーが起動する

4 ［自分のQRコード表示］をタップ

自分のQRコードが表示される

上記のQRコードを読み取ってもらうと、LINEの友だちに追加される

自分のQRコードは、メールなどのアプリで友だちに送信することも可能です。

友だちのQRコードを読み込む

1 ・・・をタップし、「その他」画面を表示する

2 ［友だち追加］をタップ

「友だち追加」画面が表示される

3 ［QRコード］をタップ

QRコードリーダーが起動する

4 画面内にQRコードを写して読み込む

友だちのプロフィール写真が表示される

5 ［追加］をタップ

登録が完了し、友だちリストに新しく追加される

COLUMN 友だちに追加したあとの注意点

QRコードで友だちを追加すると、相手の画面では「知り合いかも？」に自分の名前が表示されます。しかしこのまま相手が自分を友だちに追加しないと、こちらの登録が完了しても、電話やトークは利用できないので注意しましょう。

スマホに保存したQRコードを読み取る場合は、手順4で左下の［ライブラリ］をタップします。

CHAPTER 1 009

LINE 友だち
ID／電話番号検索で友だちを追加する

遠く離れた同級生や、忙しくてなかなか合えない知人とLINEをはじめたいときは、ID／電話番号の検索を利用しましょう。相手がIDの友だち追加を許可していれば、IDか電話番号のどちらかを検索するだけで、友だちに追加できます。

検索機能で友だちを追加する

●IDを検索する

1 … をタップし、「その他」画面を表示する

2 ［友だち追加］をタップ

「友だち追加」画面が表示される

3 ［ID／電話番号］をタップ

4 ［ID］をタップ

5 友だちのIDを入力

6 🔍 をタップ

該当する友だちが表示される

7 ［追加］をタップ

💡 検索機能で友だちを追加したあとは、本人であるか、念のためメールなどで確認しましょう。

相手が新しく友だちに追加される

●電話番号で検索する

1 P.26を参照し、「友だち追加」画面を表示する

2 ［ID／電話番号］をタップ

3 ［電話番号］をタップ

4 相手の電話番号を入力

5 🔍 をタップ

該当する友だちが表示される

6 ［追加］をタップ

相手が新しく友だちに追加される

COLUMN 電話番号を登録していない場合は？

初期設定時に電話番号を登録していない場合は、電話番号の認証画面が表示されます。SIMカードを挿入し、［電話番号の登録］をタップして認証を完了させましょう。

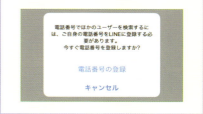

💡 Facebookアカウントで初期設定を行った場合は、電話番号の認証画面が表示されます。

CHAPTER 1
010

LINE 友だち

ふるふるで友だちを追加する

LINEのQRコードがもしうまく読み込めなかったときは、「ふるふる」を活用するとよいでしょう。自分と相手のスマートフォンを振りあうことで、簡単にお互いを友だちに追加できます。複数人を同時に追加することも可能です。

ふるふるを利用する

1 P.26を参照し、「友だち追加」画面を表示する

2 [ふるふる]をタップ

3 友だちにも「ふるふる」画面を表示してもらう

4 友だちとスマートフォンを振るか、画面をタップする

5 友だちをタップ

6 [追加]をタップ

相手にも友だちに追加されると、「友だち登録完了」と表示される

「ふるふる」は位置情報を使うため、「設定」アプリからGPSをオンにしておきましょう。

CHAPTER 1 011

LINE 友だち

「知り合いかも？」から友だちを追加する

ほかのLINEユーザーがアドレス帳やID／電話番号検索などを使って自分を友だちに追加し、なおかつ自分がそのユーザーを友だちに追加していない場合は「知り合いかも？」に表示されます。面識がある人なら友だちに追加しましょう。

「知り合いかも？」を確認する

1 P.26を参照し、「友だち追加」画面を表示する

2 「知り合いかも？」に表示されている友だちをタップ

「知り合いかも？」の知人が友だちに追加される

友だちの詳細が表示される

3 ［追加］をタップ

COLUMN 友だちの自動追加機能を利用する

「その他」画面から［設定］→［友だち］をタップしたあと、［友だち追加］（Androidでは［友だち自動追加］）と、［友だちへの追加を許可］をオンにすると、自分の電話番号を知っている人と、自分のアドレス帳のLINEユーザーが、自動的に友だちに追加されます。友だちが一気に増えて便利ですが、意図しない相手とも友だちになってしまうため、必要がない場合はオフに設定しておきましょう。

まちがえて友だちになってしまっても、あとからブロックしたり削除したりすることが可能です。

CHAPTER 1 012

LINE 友だち

友だちをお気に入りに登録する／解除する

友だちの数が増えてくると、目的の友だちを探すのに手間がかかってきます。電話やトークなど、よくやりとりをする友だちは「お気に入り」に登録すると、友だちリストの上位に表示されるので、探す手間を省けます。

お気に入りに登録する

1 をタップし、「友だち」画面を表示する

2 お気に入りに登録したい友だちをタップ

友だちの詳細が表示される

をタップすると友だちの表示名を変更できる

3 をタップ

が に変化する、 を再度タップすると、お気に入り登録を解除できる

4 ×をタップ

友だちが「お気に入り」に登録され、友だちリストの上部に表示される

プロフィールの をタップすると、友だちのホーム画面を表示できます。

CHAPTER 1 013

LINE 友だち

友だちを
ブロック／非表示にする

もし見知らぬ人からしつこく連絡がきたら、その人物をブロックしましょう。また友だちに追加したものの、疎遠になった知人は非表示にすると、友だちリストを見やすく整理できます。

友だちをブロック／非表示にする

1 💬 をタップし、「友だち」画面を表示する

2 ブロックしたい友だちを左方向にスワイプ

Androidでは、友だちを長押しする

「ブロック」と「非表示」の選択肢が表示される

2 ここでは [ブロック] をタップ

非表示にしたい場合は、[非表示] をタップ

友だちがブロック（または非表示に）され、リストから消える

COLUMN　ブロックと非表示の違い

ブロックした相手からの連絡は、こちらには一切届きません。非表示にした場合は、相手がメッセージを送るとこちらにきちんと届き、友だちリストにも自動的に相手の名前が再び表示されます。

ブロックしても、非表示にしても、相手には通知されません。気兼ねなく操作を行いましょう。

ブロック／非表示にした友だちを編集する

ブロックや非表示は、「その他」画面の「設定」からいつでも解除できます。この際、ブロックした友だちを自分のLINE上から削除することも可能です。状況に応じ、どうするか選択しましょう。

1 「その他」画面で［設定］→［友だち］をタップ

2 ［ブロックリスト］をタップ

3 任意の友だちの［編集］をタップ

3 ［削除］か［ブロック解除］をタップし、友だちを編集する

COLUMN 自分がブロックされているか確認する

ブロックされると、自分からの連絡は相手に届かなくなります。たとえばトークで自分のメッセージに「既読」(P.49参照) がずっと付かなければ、ブロックされている可能性があります。またAndroidの場合、スタンプをプレゼントしようとして (P.74参照) エラーが表示されたら、やはりブロックされている可能性が高いといえます。

HINT 非表示を解除する

非表示を解除したい場合は、［非表示リスト］→任意の友だちの［編集］をタップし、［再表示］をタップします。

⚠ 一度削除した友だちは、再度ID検索などで追加しない限り、元に戻すことはできません。

CHAPTER 1 014

LINE トーク

トークでメッセージを送る

「トーク」はチャットのように友だちとテキストでのやり取りを楽しめる、LINEの代表的な機能です。トークではさまざまな情報をやり取りできますが、ここではもっとも基本的なテキストメッセージの送りかたを解説します。

メッセージを送る

LINEのトークは、「トークルーム」という専用の画面で行います。自分のメッセージは右側に表示され、相手が読むと本文の傍に「既読」と表示されます。

1 をタップし、「友だち」画面を表示する

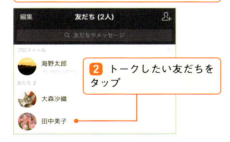

2 トークしたい友だちをタップ

友だちの詳細が表示される

3 [トーク]をタップ

上記の画面から通話も発信できる（P.85参照）

トークルームが作成される

4 入力欄をタップして、メッセージを入力

5 [送信]（Androidでは▶）をタップ

テキストメッセージが送信される

相手が読むとメッセージの左側に「既読」と表示される

> いちどメッセージに付いた「既読」は、自分から削除することはできません。

メッセージを編集する

トーク内容はあとから削除したり、誰かに転送したりすることも可能です。

● メッセージを削除する

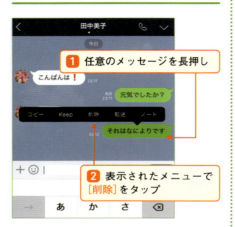

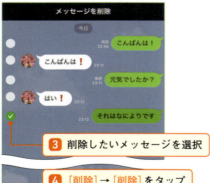

● メッセージを転送する

COLUMN

トークルームを表示する

［トークルーム］のタブ をタップすると、友だちとのトークルームが表示されます。これらをタップすると、トークを簡単に再開できます。トークルームも、左にスワイプしたり長押しすることで非表示・削除にすることができます。

メッセージを削除しても、相手側のトークルームには引き続き表示されます。

CHAPTER 1 015

LINE トーク

アルバムを作成する

トークでは、スマートフォンに保存した写真をトークルームの相手と共有できる「アルバム」が用意されています。メッセージに紛れたり、やり取りの中で流れたりすることがないので、大切な写真をずっと保管できます。

アルバムを作る

1 トークルーム上部の ⌄ をタップ

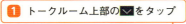

2 設定メニューから[アルバム]をタップ

アルバムの作成画面が表示される

3 📷 をタップ

4 スマートフォン内のアルバムを選び、写真を選択

5 [選択]をタップ

6 アルバムの名前を入力

7 [アルバム作成]をタップ

手順**2**の画面で[アルバム]をタップすると、アルバム内の写真を閲覧できる

💡 アルバム内の写真を表示後、📷をタップすると写真を追加できます。この操作は友だちも行えます。

039

LINE トーク

CHAPTER 1
016 ノートを作成する

旅行の日程や会議の内容など、さまざまなことを決めたいなら、「ノート」を利用しましょう。通常のトークとは違って過去の投稿内容が埋もれないので、重要な投稿をいつでも確認できます。

ノートを作る

1 トークルーム上部の ∨ をタップし、設定メニューを表示する

2 [ノート]をタップ

ノートの作成画面が表示される

3 ✎ をタップ

4 投稿内容を入力

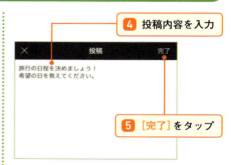

5 [完了]をタップ

ノートに投稿される。手順**2**で[ノート]（Androidでは ≡ ）をタップすると、あとから投稿内容を確認できる

友だちの投稿内容も、同じノート画面で確認できます。コメントなどを返信しましょう。

CHAPTER 1
017

LINE トーク

ノートの投稿を確認・返信する

ノートの投稿内容には、「いいね」や「コメント」を送ることができます。友だちからノートに何らかの返信があった場合は、タイムライン（P.91参照）に通知が表示されます。確認後、ノート画面で友だちとやり取りしましょう。

「いいね」やコメントを確認する

友だちからノートへの返信が届くと、「タイムライン」に通知が表示される

1 をタップ

2 をタップ

3 コメントやいいねの通知をタップ

友だちからの返信が表示される

4 画面下部の入力欄に返信内容を入力

5 ［送信］（Androidでは ▶）をタップ

> **HINT** トークルームからノートにアクセスする
>
> トーク相手がノートを作成すると、メッセージ下部に［ノート］と表示されます。ここをタップして、ノート画面を表示することも可能です。
>
>

⚠ 入力欄の 📷 や 😊 をタップすると、写真や「いいね」を送信できます。

041

LINE トーク

CHAPTER 1
018 スタンプを送る

友だちとトークを行うときは、ぜひスタンプも活用しましょう。文字だけでは表現できない、さまざまな気持ちをダイレクトに伝えられます。ここではまず、LINEに最初から用意されているスタンプを送る手順を解説します。

スタンプを送る準備をする

1 「その他」画面で［設定］をタップし、「設定」画面を表示する

2 ［スタンプ］をタップ

3 ［マイスタンプ］をタップ

4 ダウンロードしたいスタンプをタップ

5 ［ダウンロード］→［確認］をタップ

> **HINT スタンプをまとめてダウンロードする**
>
> 手順**4**の画面で［すべてダウンロード］をタップすると、LINEに最初から用意されているスタンプをまとめてダウンロードできます。

042　トークルームで☺→各スタンプのアイコン→［ダウンロード］をタップしてもOKです。

トークでスタンプを送る

一度ダウンロードしたスタンプは、すべての友だちとのトークで使用できます。使用期間も特に制限はありません（イベントスタンプは例外。P.73参照）。相手の反応に合わせて適切なスタンプを送り、トークをより盛り上げましょう。

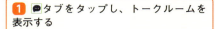

スタンプのメニューを左右（Androidは上下）にスワイプすると、表示が切り替わる

> **COLUMN　履歴からスタンプを送信する**
>
> 手順3の画面下部で🕐をタップすると、今までに送ったスタンプの履歴が表示されます。これらをタップしても、同じようにトークで送られます。

! スタンプもテキストのメッセージ同様、あとから削除することが可能です。

043

CHAPTER 1
019 絵文字を送る

LINE トーク

トークでは、バラエティー豊かな1,000種類以上の絵文字も送信できます。従来のメールの絵文字はキャリアの違いによって文字化けしてしまいますが、LINEの場合はそうしたことはありません。メッセージをより賑やかにするのに利用しましょう。

絵文字を送る

1 💬タブをタップし、トークルームを表示する

2 文字を入力後に☺をタップ

☺のタップ後にスタンプが表示された場合は、☺をタップして絵文字に切り替えよう

トークで絵文字が送信される

3 絵文字の種類をタップ

4 絵文字をタップ

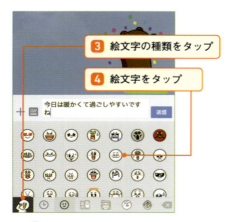

HINT 顔文字を送信する

LINEのトークは、顔文字も送信できます。絵文字の一覧を表示して、(^-^)をタップすると顔文字の候補が表示されます。

044　絵文字は文章内に挿入するだけでなく、スタンプのように単独でも送信できます。

CHAPTER 1 020

LINE トーク

写真／動画を送る

文章よりももっと視覚的に情報を伝えたいなら、写真や動画を送りましょう。旅行やイベントなどで撮影した、思い出の写真や動画を友だちと共有すれば、トークがより一層盛り上がるでしょう。

写真を送る

1 トークルームを表示し、⊞をタップする

2 ［写真を選択］をタップ

動画を送る場合は、［動画を選択］をタップする

3 アルバムを選択し、写真を選ぶ

複数選択することも可能

4 ［選択］をタップ

5 フィルターや明るさなどを調整し、写真を編集

6 ［送信］をタップ

トークルームに写真が送信される

HINT その場で撮影した写真を送る

⊞→［写真／動画を撮る］の順にタップすると、カメラが起動し、その場で撮影した写真や動画を送れます。

容量が多いとエラーになるので、動画の撮影時間はせいぜい30秒程度にしましょう。

045

CHAPTER 1
021

LINE トーク

いろいろな情報を送信する

トークではメッセージやスタンプのほか、友だちの連絡先や施設の位置情報、ボイスメッセージや気になるWebサイトのURLなどもやり取りできます。これらの各種情報の送信方法も覚えましょう。

連絡先や位置情報を送る

●連絡先を送る

1 トークルームを表示し、+をタップする

2 [連絡先]をタップ

3 連絡先をタップ

4 [OK]（Androidは[選択]）をタップ

友だちの連絡先が送信される

●位置情報を送る

1 トークルームを表示し、+をタップする

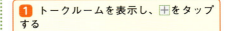

2 [位置情報]をタップ

送信したい位置情報を検索・表示する

3 赤いピンをタップ

4 [この位置を送信]をタップ

位置情報が送信される

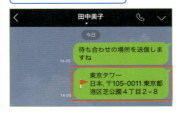

友だちから連絡先が送られてきたら、[追加]をタップしてリストに追加しましょう。

ボイスメッセージやURLを送る

●ボイスメッセージを送る

1 トークルームを表示し、🎤をタップする

Androidでは、➕をタップし、[ボイスメッセージ]をタップする

2 🎤を長押しして音声を録音

ボタンを押している間だけ録音される

3 🎤から指を離して録音を停止

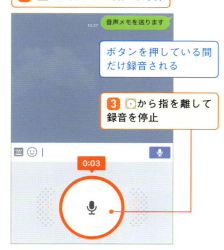

音声メッセージが送信される

▶をタップすると再生が始まる

●WebサイトのURLを送る

1 「Safari」でWebページを表示し、📤をタップする

2 [LINE]をタップ

Androidでは、Chromeの共有機能を使ってLINEに送信する

3 送信先を選択

4 [送信]をタップ

Webページのクリが送信される

💡 URLを送るには、「設定」アプリ（Androidでは「アクティビティ」）でLINEをオンにします。

047

CHAPTER 1 022 メッセージを返信する

LINE トーク

LINEを起動していない状態でトークのメッセージを受信すると、ホーム画面に通知が表示されます。折を見て内容を確認し、相手に返信しましょう。通知方法は、自由に変更することも可能です（P.57参照）。

メッセージを返信する

相手からメッセージが届くと、通知が表示される

自分（海野太郎）がメッセージを確認すると、相手（田中美子）のトークルームには「既読」と表示される

▼相手のスマホ画面

1 通知をタップ、または右方向にスワイプ

2 トークルームを表示し、相手のメッセージを確認

メッセージを確認したら、返信する

▼自分のスマホ画面

> **HINT 通知が消えてしまったら？**
> もし通知が消えてしまったら、ホーム画面の上部を下方向にスワイプして、通知を再表示しましょう。

初期状態では、通知時にメッセージの内容も表示されるよう設定されています。

CHAPTER 1 023

LINE トーク
既読を付けずに メッセージを読む

友だちから受信したメッセージを読むと、相手側のトークルームに「既読」マークが付きます。読んだ以上は早めに返信するのが望ましいですが、すぐに対応できない場合は、いくつかの方法で既読を付けずにメッセージを読むことができます。

機内モードで読む

メッセージ受信後、「トーク」画面を表示します。そのあと機内モードに設定してトークルームを表示すると、「既読」が付かなくなります。なおホーム画面から機内モードに設定すると、メッセージ自体を見られなくなるので注意しましょう。

● iPhoneの場合

1 メッセージ受信後、「トーク」画面を開いた状態で画面下部を上方向にスワイプする

2 コントロールセンターで ✈ をタップ

3 確認のダイアログが表示されたら [OK] をタップ

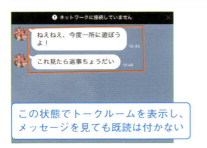

この状態でトークルームを表示し、メッセージを見ても既読は付かない

● Androidの場合

1 メッセージ受信後、「トーク」画面を開いた状態で画面上部を下方向にスワイプする

2 [機内モード] をタップ

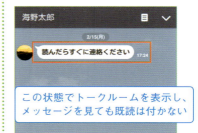

この状態でトークルームを表示し、メッセージを見ても既読は付かない

機内モードの状態では、相手に返信できません。解除後、返信内容を送りましょう。

通知のプレビューで確認する

「その他」画面で、通知方法を変更しておけば、ホーム画面のステータスバーから本文の一部を既読を付けずに読めます。全文は確認できませんが、簡単なやり取りならこの方法で十分です。

1 P.57を参照し、「その他」画面の「通知」項目を表示する

2 ［通知］と［メッセージ内容表示］をタップしてオンにする

Androidの場合は［通知設定］と［メッセージ通知の内容表示］をオンにする

3 LINEのメッセージ受信後、ホーム画面上部を下方向にスワイプ

ステータスバーが表示される

4 ［通知］をタップ（Androidでは必要なし）

メッセージの一部を確認できる

COLUMN　iPhone 6sの3D Touchを利用する

iPhone 6sでは「3D Touch」を利用できます。これは画面の項目をタップしてから押し込むと、プレビューが表示される機能です。この機能を応用して、既読を付けずにトークを閲覧できます。

トークルームがプレビュー表示される

1 「トーク」画面で友だちの名前を少し強めに押す

2 この状態でメッセージを読んでも、既読は付かない

3D Touchのプレビュー画面をさらに強く押すと、通常通りトークルームが表示されます。

既読回避サポーターを利用する（Androidのみ）

「既読回避サポーター」は、既読を付けずにメッセージを読むことができる、Android限定のアプリです。難しい設定は必要ないので、AndroidでLINEを使っている場合は、ぜひ利用を検討してみましょう。

1 ［Playストア］を起動し、「既読回避サポーター」をインストールする

2 P.57を参照し、LINEの「その他」画面の「通知」項目を表示する

3 ［通知］と［メッセージ内容表示］をタップしてオンにする

4 ［既読回避サポーター］をタップして起動

初回起動時は通知へのアクセスが求められる

5 ［開く］をタップ

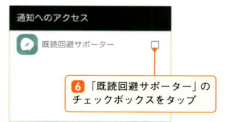

6 「既読回避サポーター」のチェックボックスをタップ

> **HINT** 設定アプリから操作する
>
> 「設定」アプリの［音と通知］→［通知へのアクセス］でも、同様の設定を行えます。

 「通知へのアクセス」をオンにしておかないと、メッセージを読むことができません。

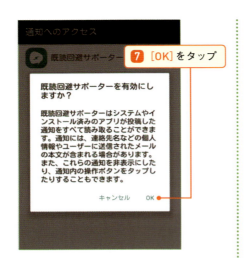

7 [OK]をタップ

既読回避サポーターでLINEのメッセージが閲覧可能になった

8 相手のメッセージを受信したら、[既読回避サポーター]を起動する

9 [LINE]をタップ

10 友だちをタップ

未読のメッセージ一覧を確認できる

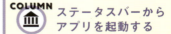

LINEのトークルームでは未読のままとなっている

COLUMN ステータスバーからアプリを起動する

「既読回避サポーター」が起動中なら、ステータスバーの受信通知をタップして、そのまま既読を付けずにメッセージを読むこともできます。

「既読回避サポーター」はLINEのほか、Messenger（P.268参照）も既読を付けずに読めます。

CHAPTER 1
024

LINE トーク

トークの履歴をバックアップする

友だちとやり取りしたトーク内容は、基本的にいつまでもトークルームに保存されます。しかし誤ってトークルームを削除してしまったといった不測の状態に備えて、トークの履歴は定期的にバックアップを取っておくとよいでしょう。

バックアップを実行する

iPhoneの場合

1 トークルームを表示する

2 ✉ をタップ

トークルームの設定メニューが表示される

3 [設定] をタップ

4 [トーク履歴を送信] をタップ

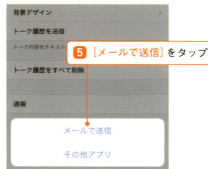

5 [メールで送信] をタップ

COLUMN バックアップ時の注意点

トークルームからバックアップする場合は、写真や動画などは保存できません。これらのコンテンツも保存したい場合は、LINE Keepを利用しましょう（P.117参照）。

相手から送られた写真や動画は、長押しして事前に自分のiPhoneに保存しましょう。

6 ふだん利用しているメールアドレスを入力

これまでのトーク履歴を確認できる

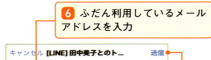

7 [送信]をタップ

8 「メール」アプリを起動し、受信メールを確認する

9 添付されたファイルをタップ

HINT その他のアプリを使う

P.53の手順**5**で[その他アプリ]をタップすると、Googleドライブや関連アプリでトーク履歴をバックアップできます。

COLUMN iCloudでトーク履歴を復元する（iPhoneの場合）

iPhoneをパソコンに繋いでiTunesを起動し、画面左の[概要]をクリックします。そのあと「iPhoneのバックアップを暗号化」にチェックを入れ、パスワードを設定しましょう。そうすると次回以降、iTunesで[バックアップを復元]をクリックすればLINEのトーク履歴を復元できます。

バックアップのテキストでは、トークの受信日時や内容、相手の名前などを確認できます。

📱 Androidの場合

1 トークルーム上部の⌄をタップし、設定メニューを表示する

2 [トーク設定]をタップ

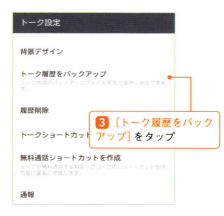

3 [トーク履歴をバックアップ]をタップ

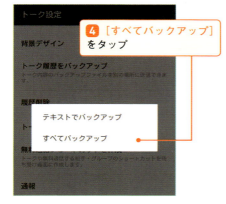

4 [すべてバックアップ]をタップ

トーク履歴ファイルがAndroidのSDカードに保存される

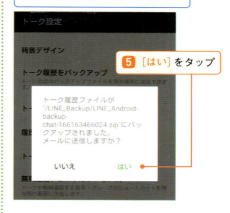

5 [はい]をタップ

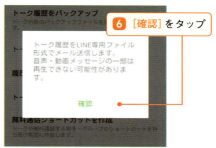

6 [確認]をタップ

「アプリの共有」画面が表示される

7 [Gmail]をタップ

> [すべてバックアップ]を選択した場合は、画像や動画もバックアップされます。

トークの履歴をインポートする（Androidのみ）

Androidでは、トークルーム上からバックアップした履歴をすぐにインポートすることができます。誤って大事なメッセージを削除してしまったときなどに、活用しましょう。なお、この操作はiPhoneでは行えません。

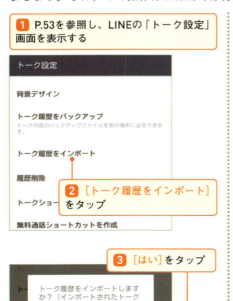
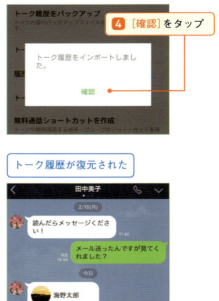

履歴の復元を行っても、一部の音声・動画ファイルは再生できない場合があります。

LINE トーク

CHAPTER 1 025 トークの通知設定を変更する

初期状態のLINEでは、通知に関する項目がすべてオンになっています。これらの項目は「その他」画面から自由に変更できます。必要に応じて通知方法を変更したり、オフにしたりして、より使いやすくカスタマイズしてみましょう。

通知内容を非表示にする

1「その他」画面を表示する

2［設定］をタップ

3［通知］（Androidでは［通知設定］）をタップ

4［メッセージ内容表示］の ● をタップしてオフに切り替える

Androidでは、「メッセージ通知の内容表示」の ✓ をタップしてチェックを外す

通知方法が変更され、メッセージの一部が表示されなくなる

💡 第三者の通知内容の盗み見を防ぐなどの、セキュリティ対策の一貫としても有効です。

通知をオフにする

●トークルームの通知をオフにする

1 トークルームを表示する

2 ▽をタップ

3 [通知OFF]をタップ

トークルームの通知がオフになる

> **COLUMN 通知をオフにするとどうなる？**
>
> トークルームの通知をオフにすると、その友だちからメッセージが届いても音やバイブレーションが作動しなくなります。設定後も、LINEのアイコンにはバッジが表示されます。

●LINE全体の通知をオフにする

1 「その他」画面を表示する

2 [設定]をタップ

3 [通知]（Androidでは[通知設定]）をタップ

4 [通知]の◯をタップしてオフにする

Androidでは、[通知設定]の☑をタップしてチェックを外す

> **COLUMN LINE全体の通知をオフにするとどうなる？**
>
> 設定後は通知音やバイブレーションが一切鳴らなくなりますが、ホーム画面のアイコンにはバッジが表示されます。

通知が頻繁に鳴って煩わしい場合は、LINE全体の通知をオフにするとよいでしょう。

通知の詳細を変更する

●通知を一時的にオフにする

1 「その他」画面を表示し、[設定]をタップする

2 [通知]（Androidでは[通知設定]）をタップ

3 [一時停止]をタップ

4 停止時間をタップすると、その時間の間は通知が鳴らなくなる

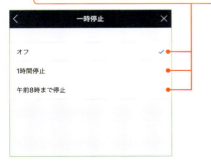

●通知のサウンドを変更する

1 左の手順を参考に「通知設定」画面を表示する

2 [通知サウンド]をタップ

3 サウンドをタップ

LINEの通知音が変更された

💡 通知サウンドは14種類から選べます。それぞれの項目をタップすると試聴できます。

そのほかの設定を行う

●グループやタイムラインの通知をオフにする

1 「その他」画面を表示する

2 [設定]をタップ

3 [通知]（Androidでは[通知設定]）をタップ

4 「グループへの招待」の ◯ をタップしてオフにする

5 [タイムライン通知]をタップ

6 ◯ をタップして、通知をオフにする

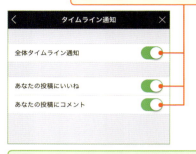

> Androidでは各項目のチェックボックスをタップして、オフにする

●バイブレーションで通知する

1 左の手順を参考に「通知設定」画面を表示する

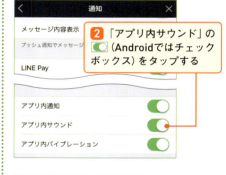

2 「アプリ内サウンド」の ◯ （Androidではチェックボックス）をタップする

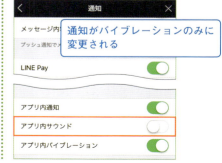

通知がバイブレーションのみに変更される

「バイブレーション」の項目もオフに切り替えると、通知は一切されなくなります。

CHAPTER 1
026

LINE トーク

トークルームの背景を変更する

トークルームの背景は、あらかじめ用意された15種類のデザインや、自分の好きな画像に変更できます。全体だけでなく、個別のトークルームに設定することも可能です。自分が使いやすいように、カスタマイズしてみましょう。

背景を変更する

1 「その他」画面を表示し、[設定]をタップする

2 [トーク・通話]をタップ

3 [背景デザイン]をタップ

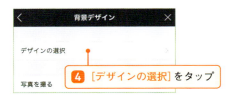
4 [デザインの選択]をタップ

5 設定したいデザインをタップすると、背景が変更される

> **HINT** 写真をデザインに設定する
>
> 写真をトークルームの背景に設定する場合は、手順**4**で[写真を撮る]か[アルバム](Androidでは[ライブラリから選択])をタップします。

> **HINT** トークルームの背景を個別に変更する
>
> 個別に背景を変更する場合は、トークルーム上部のをタップし、[設定]→[背景デザイン]をタップします。

LINEの関連アプリ「LINE DECO」からも、豊富な背景画像をダウンロードできます。

CHAPTER 1
027

LINE トーク

トークの便利テクニック を活用する

ここでは、トークの誤送信をオフにする方法や、トークリストを並べ替える方法など、知っておくとさらにLINEが便利になるテクニックを紹介します。操作にある程度慣れてきたら、活用してみましょう。

● トークの誤送信をオフにする

メッセージを書いている最中なのに、［Enter］を押して誤ってメッセージを送ってしまったことはないでしょうか？「その他」画面から［設定］→［トーク・通話］をタップし、［Enterキーで送信］をオフにすると、同じ失敗を防げます。

1 ［Enterキーで送信］をオフにする

● スタンプや絵文字の変換候補を表示する

スタンプや絵文字をより簡単に入力したいときは、「その他」画面で「サジェスト表示」をオンに切り替えましょう。設定後は「笑い」や「ごめん」といったキーワードを入力するだけで、スタンプや絵文字の候補が表示されます。

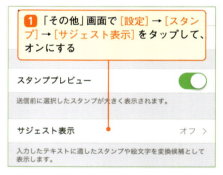

1 「その他」画面で［設定］→［スタンプ］→［サジェスト表示］をタップして、オンにする

● Wi-Fiの未接続時の設定を変更する

初期状態では、トークでやり取りした画像は自動的にダウンロードされます。もし通信量を消費するのが嫌なら、Wi-Fiの未接続時には画像をダウンロードしないように、設定を変更しましょう。

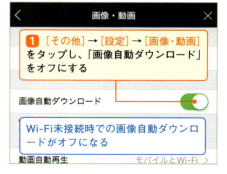

1 ［その他］→［設定］→［画像・動画］をタップし、「画像自動ダウンロード」をオフにする

Wi-Fi未接続時での画像自動ダウンロードがオフになる

「トーク・通話」画面で「スタンププレビュー」をオンにするとスタンプの誤送信を防げます。

● トークリストを並べ替える

「トーク」画面のトークリストは、受信時間やお気に入りの順に並べ替えられます。iPhoneの場合は画面上部の［トーク］をタップして、並び順を選択します。Androidの場合は右上の■→［トークをソート］をタップしましょう。

1 上部の［トーク］をタップして、並び順を選ぶ

● トークルームを
　非表示・削除する

トークルームはより見やすく編集できます。iPhoneでは「トーク」画面左上の［編集］→トークルームをタップして（または左方向にスワイプして）、［削除］か非表示をタップします。Androidの場合は■→［トーク編集］をタップしましょう。

1 左上の［編集］を選択後、トークルームをタップし、［削除］か［非表示］を選ぶ

● トークショートカットを
　作成する（Androidのみ）

仲のよい友だちとは、トークルームのショートカットアイコンを作りましょう。ホーム画面に置いておけば、ここから直接トークルームを開くことができます。Androidではトークルームの「設定」メニューを開き、［トークショットカットを作成］をタップします。iPhoneの場合は、この操作は行えません。

アイコンをタップすると、相手とのトークルームが表示される

非表示にしたトークルームは、「友だち」画面で友だちをタップすると再表示されます。

CHAPTER 1 028

LINE 公式アカウント／LINE@

公式アカウントを友だちに追加する

LINEには、企業や芸能人、行政機関などが運用している「公式アカウント」も用意されています。友だちに追加すると、キャンペーンやクーポン、最新ニュースといったお得な情報をいち早く入手できます。

公式アカウントを追加する

1「その他」画面を表示する

2 [公式アカウント] をタップ

「公式アカウント」画面が表示される

3 追加したい公式アカウントをタップ

公式アカウントのプロフィールが表示される。上部の写真をタップすると、アカウントの詳細を確認できる

4 [追加] をタップ

公式アカウントが友だちに追加されると、通知が表示される

HINT 気になる公式アカウントを探す

画面上部の [NEWS] や [CATEGORY] のタブをタップすると、公式アカウントの最新ニュースを閲覧したり、各カテゴリーからアカウントを探せます。また画面を下方向にスワイプすると表示される検索欄で、公式アカウントを検索することもできます。Androidでは右上の虫眼鏡のアイコンをタップしましょう。

064　「公式アカウント」画面では、位置情報や履歴からおすすめのアカウントが表示されます。

「友だち」画面を表示すると友だちの中に「公式アカウント」が表示される

5 [公式アカウント]をタップ

友だちに追加している公式アカウントの一覧が表示される

6 公式アカウントをタップ

7 [トーク]をタップ

[おすすめ]をタップすると、公式アカウントを友だちに紹介できる

トークルームが表示され、公式アカウントの最新情報などをチェックできる

COLUMN LINE@のアカウントを追加するには？

「その他」画面で［公式アカウント］をタップし、「公式アカウント」画面左上の［LINE@］をタップすると、「LINE@」の画面が表示されます。地域を選択し、公式アカウントと同様の手順で友だちに追加すれば、最新情報や予約の確認などを行えます。

LINE@とは、中小企業や店舗など個人向けのプロモーション用アカウントです。

CHAPTER 1
029 クーポンを利用する

LINE 公式アカウント／LINE@

飲食店などの公式アカウントを友だちに追加すると、対象の商品をお得に買えるクーポンが送られてくるようになります。ふだんよく行くお店の公式アカウントを見つけたら、ぜひ友だちに追加しておきましょう。

公式アカウントのクーポンを利用する

1 をタップし、トーク画面を表示する

2 任意の公式アカウントをタップ

トークルーム上で、公式アカウントの発行したクーポンを確認できる

3 クーポン情報下部の［今すぐ確認］をタップ

クーポンの詳細が表示される

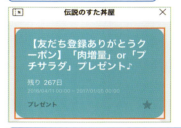

お店で会計などの際にクーポンを提示すると、商品の値段が割り引かれる

COLUMN
 Coupon Bookを利用する

ほかの公式アカウントから発行されているクーポンを確認したいときなどには、Coupon Bookを利用するとよいでしょう。その他画面から［LINE App］→［Coupon Book］をタップしてインストールを完了させると、Coupon Bookが利用可能になります。

公式アカウントから発行されたクーポンは、一回しか使用することができません。

CHAPTER 1 030

LINE 公式アカウント／LINE@

天気予報を確認する

「LINEお天気」は、LINEが運用している公式アカウントの1つです。友だちに追加すると、特定の地域の天気を調べたり、設定した時刻に天気予報を流してくれます。旅行中の人や、出張などの外出が多い人には特におすすめです。

天気予報を確かめる

●入力した地域の天気予報を見る

1 P.64を参照し「LINEお天気」を友だちに追加し、トークルームを表示する

2 地域を入力して送信

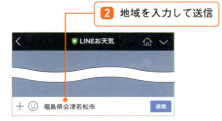

該当する地域の天気予報が表示される

●お天気アラートを設定する

1 「LINEお天気」のトークルームを表示する

2 「ヘルプ」と入力して送信

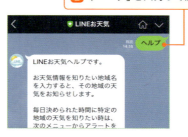

3 「1」と入力して送信

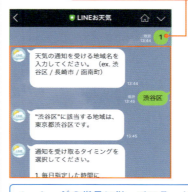

メッセージの指示に従ってアラートの設定を行う

> アラートの地域や配信時刻の変更は、「ヘルプ」→「2」の順にメッセージを送信します。

CHAPTER 1
031

LINE 公式アカウント／LINE@

宅配便の配達状況を確認する

ヤマト運輸の公式アカウントを友だちに追加すると、トークルームから配達状況の確認ができてとても便利です。必須ではありませんが、会員サービスの「クロネコメンバーズ」のIDを取得しておくと、各種サービスをより手軽に利用できます。

配達状況を確認する

●LINEと連携する

1 「公式アカウント」画面で「ヤマト運輸」を検索する

2 プロフィールを表示して［追加］をタップ

3 ［同意する］をタップ

4 「友だち」画面を表示する

5 ［公式アカウント］をタップ

6 公式アカウントの一覧から［ヤマト運輸］をタップ

> ヤマト運輸の公式アカウントを友だちに追加すると、限定スタンプも使用できます。

7 [トーク]をタップ

「ヤマト運輸」のトークルームが表示される

8 をタップ

9 [連携・新規登録はこちら]をタップ

10 [上記に同意の上、クロネコメンバーズへ連携する]をタップ

11 クロネコメンバーズのIDとパスワードを入力

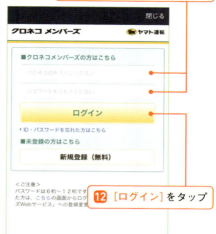

12 [ログイン]をタップ

LINEとクロネコメンバーズが連携した

13 [閉じる]をタップ

> **COLUMN クロネコメンバーズのアカウントを登録する**
>
> クロネコメンバーズのアカウントを持っていない場合は、[連携・新規登録はこちら]→[新規登録（無料）]から、会員登録手続きを行えます。

[連携・新規登録はこちら]→[連携解除]でいつでも連携を解除することができます。

●配達追跡を行う

1 「ヤマト運輸」のトークルームを表示する

2 をタップ

3 ［荷物問い合わせ］をタップ

4 伝票番号を入力

5 ［問い合わせる］をタップ

配達状況が表示される

●料金やお届け予定日を検索する

1 「ヤマト運輸」のトークルームを表示する

2 をタップ

3 ［料金・お届け予定日検索］をタップ

4 宅配便の種類をタップ

5 発地、着地、日付などを入力して検索する

荷物の問い合わせと料金・お届け予定日検索は、会員IDと連携しなくても利用できます。

●再配達を依頼する

1 「ヤマト運輸」のトークルームを表示する

2 をタップ

3 [再配達依頼] をタップ

4 [再配達を依頼する] をタップ

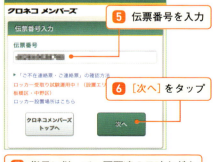

5 伝票番号を入力

6 [次へ] をタップ

7 指示に従って、再配達の日時などを指定する

●集荷を依頼する

1 「ヤマト運輸」のトークルームを表示する

2 をタップ

3 [集荷依頼] をタップ

4 次の画面で [集荷を依頼する] をタップ

5 商品・サービスをタップ

6 指示に従って、希望の集荷日と時間帯などを入力する

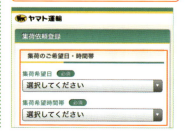

クロネコメンバーズのIDでログインすると、再配達・集荷依頼で伝票番号などの入力が省けます。

CHAPTER 1
032

LINE スタンプショップ

LINEコインをチャージする

LINEでは「スタンプショップ」から有料のスタンプを購入できます。まずはこれらの購入に必要なLINEコインをチャージしましょう。事前に「設定」アプリで、Apple IDやGoogleアカウントにカード情報を登録しておきましょう。

コインをチャージする

LINEコインは、有料スタンプや関連アプリのアイテムなどの購入に使う、LINE限定の仮想通貨です。「その他」画面から、購入するコインの数を選択してチャージできます。コインが尽きたら、下記の手順で再度チャージしましょう。

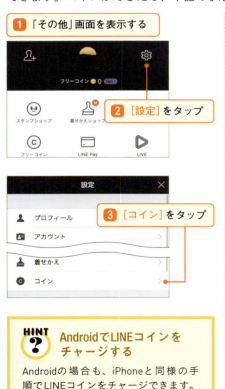

HINT　AndroidでLINEコインをチャージする

Androidの場合も、iPhoneと同様の手順でLINEコインをチャージできます。また、機種ごとに独自に用意されているキャリア決済での支払いも可能です。

コンビニで販売されているLINEプリペイドカードも、LINEコインをチャージできます。

CHAPTER 1
033

LINE スタンプショップ

有料スタンプを購入する

LINEコインをチャージしたら、スタンプショップで有料スタンプを購入してみましょう。有料スタンプには漫画やアニメの人気キャラクターをあしらったものが豊富にあり、トークで送れば友だちとのやり取りをさらに盛り上げてくれるでしょう。

スタンプショップにアクセスする

1 「その他」画面を表示する

2 ［スタンプショップ］をタップ

「スタンプショップ」画面が表示される。各種スタンプをタップすると、詳細が表示される

3 画面を下方向にスワイプすれば、検索欄からスタンプを探すことができる（Androidの場合は🔍をタップする）

COLUMN
スタンプの種類

スタンプショップでは、公式スタンプ以外にも、個人が作成したオリジナルのクリエイターズスタンプや、期間限定で利用できるイベントスタンプなどをダウンロードできます。［EVENT］や［CATEGORY］のタブをタップして、画面を切り替えましょう。

iPhoneの場合は、LINE STOREからスタンプのプレゼントなどを行えます（P.74参照）。

有料スタンプを購入する

1 スタンプショップで、ダウンロードしたい有料スタンプをタップして詳細を表示する

「マイスタンプ」画面に、購入したスタンプが表示される

2 ［購入する］をタップ

3 ［OK］（Androidの場合は［確認］）をタップ

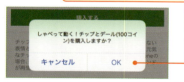

スタンプのダウンロードが開始される

4 ダウンロードが完了したら［OK］をタップ

5 購入したスタンプのアイコンをトークルームでタップすると、さまざまな候補を送信できる

COLUMN
無料スタンプをプレゼントする

Androidでは、手順**2**の画面で［プレゼントする］をクリックして、購入したスタンプを友だちにプレゼントできます。iPhoneの場合は、一度「LINE STORE」にアクセスしてから、友だちにスタンプをプレゼントしましょう。

LINE STOREにはhttps://store.line.me/home/jaからアクセスしましょう。

CHAPTER 1 034

LINE スタンプショップ

使わないスタンプを削除する

多くのスタンプをたくさんダウンロードすると、トークルーム下部に表示されるスタンプメニューも増え、目的のものを探しにくくなります。そうしたときは「マイスタンプ」画面で、使わないスタンプを削除しましょう。

スタンプを削除する

1「その他」画面→［設定］をタップする

2［スタンプ］をタップ

3［マイスタンプ編集］をタップ

4  →［削除］をタップ

を上下にドラッグすると、トークルーム下部のスタンプアイコンの順番を並べ替えられる

5［削除する］をタップ

Androidの場合は、［削除］→［確認］をタップする

> 有料スタンプは、削除しても再ダウンロードできます。再度購入の必要はありません。

075

CHAPTER 1 035

LINE グループ

トークルームに友だちを追加する

LINEのトークは、複数人で行うこともできます。トークルームを作成する際に複数の友だちを招待したり、1対1でのトーク中に別の友だちを招待することもできます。知人たちと宴会の日程を決めたいときなどに、おすすめの方法です。

友だちをトークルームに招待する

1「トーク」画面を表示する

2 ☑（Androidでは 💬）をタップ

複数人のトークルームが作成された

3 招待したい友だちを複数タップ

4 [OK]（Androidでは[トーク]）をタップ

HINT トークの途中で新しく友だちを招待する

1対1でのトークの途中で別の友だちを招待したい場合は、☑→［招待］の順にタップして、新しく友だちを追加しましょう。

複数人のトークルームを作成した段階では、招待相手には何も通知されません。

複数人でトークを行う

1 「トーク」画面を表示する

2 P.76で作成したトークルームをタップ

トークルームが表示される。画面上部で参加相手を確認できる

3 メッセージを入力

4 ［送信］をタップ

複数の友だちにメッセージが送信される

既読の数で、何人にメッセージが読まれたかがわかる

友だちからの返信は、すべて画面左側に表示される

HINT グループ通話を利用する

画面上部の📞をタップすると、グループで通話を行えます。

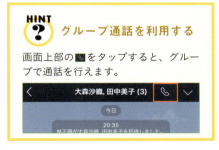

HINT トークルームを退出する

☑ →［退出］→［OK（Androidの場合は「はい」）］の順にタップすると、トークルームを退出できます。退出すると、参加していたトークルームも自動的に削除されます。

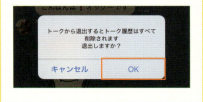

💡 トークルームを退出する前には、事前にメッセージを送っておくといいでしょう。

CHAPTER 1 036 グループを作成する

LINE グループ

親友や家族、趣味の同好会のメンバーなど、よくやり取りする相手が複数いる場合は、グループを作成すると便利です。前述の複数人で行うトークとは異なり、グループアルバムやグループノートなどの役立つ機能を利用できます（P.82参照）。

グループを作成する

1「その他」画面を表示する

2［友だち追加］をタップ

3［グループ作成］（Androidの場合は［共有グループ作成］）をタップ

4 グループの名前を入力

5［+］をタップ

HINT トークルームからグループを作成する

P.76で作成した複数人のトークルームと同じメンバーでグループを作成したい場合は、画面上部の▽→［グループ作成］の順にタップしましょう。

グループの名前は、全角20文字まで設定できます。それ以上は入力しても反映されません。

6 招待したい友だちを複数タップ

「友だち」画面にグループが作成される

7 [招待]をタップ

9 グループをタップすると、トークルームが表示される。メッセージを送信するとメンバー全員に通知される

8 [保存]をタップ

HINT グループのメンバーを確認する

友だちリストでグループをタップし、数字のアイコンをタップすると、グループに参加しているメンバーを確認できます。

1 数字のアイコンをタップ

COLUMN グループに招待されたら？

グループに招待されると、そのグループ名が「友だち」画面に表示されます。[参加]か[拒否]のどちらかをタップして、招待を受けるか決めましょう。

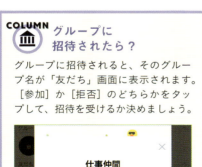

グループのメンバーが表示される

> グループのメンバーは、随時編集することができます。詳細はP.81を参照しましょう。

CHAPTER 1 037 グループを編集する

LINE グループ

LINEのグループは、名前を適宜変更したり、好きな写真をグループのアイコンに設定したりできます。独自のアイコンを設定すれば、「友だち」画面からも容易に見分けがつくようになります。このほかメンバーの編集も自由に行えます。

グループ名や写真を変更する

●グループ名を変更する

1 グループのトークルームを表示する

2 ▽→[設定]をタップ

Androidでは、「友だち」画面でグループ→数字のアイコンをタップし、「グループメニュー」画面で⚙をタップする

「トーク設定」画面が表示された

3 グループ名をタップ

4 新しいグループの名前を入力

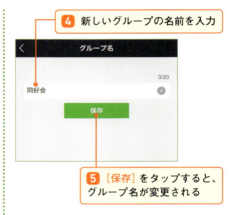

5 [保存]をタップすると、グループ名が変更される

●写真を変更する

1 左の手順を参考に「トーク設定」画面を表示する

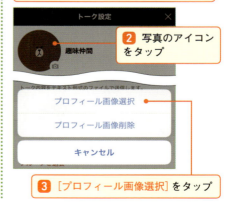

2 写真のアイコンをタップ

3 [プロフィール画像選択]をタップ

グループの名前とアイコンは、グループメンバーなら誰でも変更することができます。

4 ［アルバム］（Androidでは［ライブラリから選択］）をタップ

5 変更したい写真をタップ

6 枠をドラッグして写真をトリミングし、必要に応じてフィルターを設定する

7 ［確認］（Androidでは［送信］）をタップすると、グループのアイコンが変更される

●メンバーを編集する

1 グループのトークルームを表示する

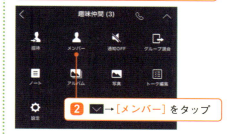

2 ∨→［メンバー］をタップ

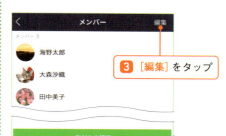

3 ［編集］をタップ

［友だちの招待］（Androidでは［追加］）をタップすると、友だちを追加できる

4 ⊖→［削除］をタップして、［削除］をタップすると、メンバーを退会できる

Androidでは、P.79のHintの、グループのメンバー画面で［編集］をタップし、メンバーの［削除］→［はい］をタップして退会させる

⚠ グループメンバーの削除は、グループに参加している友だちなら誰でも行えます。

081

CHAPTER 1 038

LINE グループ

グループでアルバムや ノートを共有する

LINEのグループでは、1体1のトークと同様にアルバムやノートを利用できます。たとえばグループのメンバーとイベントの写真を共有したり、トークのやり取りで流れないよう、重要な予定の相談などを効率よく行いたいときに重宝します。

グループアルバムを作る

1 「友だち」画面でグループをタップする

2 [アルバム]をタップ

3 をタップ

4 写真の保存先を選択し、アルバムにアップしたい写真を複数タップ

5 [選択]をタップ

6 アルバムの名前を入力

7 [アルバム作成]をタップ

iPhoneは 、Androidは をタップすると、スマートフォンのカメラで写真を撮影できます。

グループアルバムが作成された

トークルームを左方向に2回スワイプすると、アルバムの写真を簡単に確認できる（Androidでは 目 をタップして、左方向に2回スワイプする）

グループノートを作る

1 「友だち」画面でグループをタップする

2 ［ノート］をタップ

3 ✏️ をタップ

4 投稿内容を入力

5 ［完了］（Androidでは ✓ ）をタップ

本文がグループノートに投稿される

トークルームを左方向に1回スワイプすると、ノートの投稿内容を簡単に確認できる（Androidでは 目 をタップして、左方向に1回スワイプする）

HINT ❓ 各種データを添付する

手順 **4** の画面で、下部のメニューからスタンプ、写真、位置情報などを添付できます。

スタンプ／動画／位置情報／写真／URL／音楽

⚠️ グループノートへの投稿にも、「いいね」やコメントを付けることができます。

083

CHAPTER 1 039

LINE グループ

グループから退会する

グループの活動に今後参加したくない場合は、トークでメンバーに一言伝えたうえで、そのグループから退会しましょう。以降、メンバーがメッセージを発信しても、こちらには何も通知されなくなります。

グループから退会する

1 「友だち」画面でグループをタップする

2 [トーク]をタップ

グループのトークルームが表示される

3 ✉→[グループ退会]（Androidの場合は[退会]）をタップ

4 [OK]（Androidの場合は[はい]）をタップすると、グループから退会できる

「友だち」画面でグループを左方向にスワイプし、[削除]をタップしても退会できる（Androidはグループを長押しして、[退会]をタップ）

> **HINT** グループに再度参加するには？
>
> 一度退会したグループに再度参加したい場合は、グループのメンバーに招待してもらいましょう。招待を受けたら、「友だち」画面でグループ→[参加]をタップします。

グループを退会すると、グループのトーク履歴・アルバム・ノートもすべて閲覧できなくなります。

LINE 通話

CHAPTER 1 040 無料通話を発信する

LINE同士で急ぎの要件を伝えたいときは、トークよりも無料通話のほうが便利です。ユーザー同士なら、どれだけ話しても通話料はかかりません。通話の方法は音声とビデオの2種類ありますが、ここでは音声通話を発信する方法を解説します。

友だちと通話する

1 「友だち」画面で通話したい友だちをタップする

2 ［無料通話］をタップ

無料通話が発信される

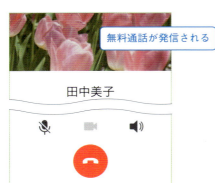

友だちが応答すると、通話が開始される

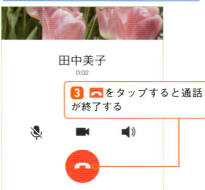

3 📞をタップすると通話が終了する

音声をミュートする場合は🎤、音量を調整する場合は🔊をタップ

COLUMN トークの最中に通話を発信する

トークの最中に無料通話を発信したい場合は、画面右上の📞→［無料通話］の順にタップします。Androidは入力欄の📞をタップしましょう。

HINT 着信に応答する

相手から着信を受けたときは、📞をタップすると応答できます。

 LINE同士の通話料は無料ですが、パケット通信料は発生するのでWi-Fi通信の利用がおすすめです。

085

CHAPTER 1　041　ビデオ通話を発信する

LINE 通話

LINEには、相手の顔を見ながら会話できるビデオ通話も用意されています。お互いの表情を確認したり、周りの様子も伝えたいときは、音声通話よりもこちらのほうが便利です。ビデオ通話も通話料は発生しませんが、パケット通信料は発生します。

ビデオ通話を発信する

1「友だち」画面で通話したい友だちをタップする

2 ［ビデオ通話］をタップ

ビデオ通話が発信される

友だちが応答すると、ビデオ通話が開始される

3 🔻をタップすると通話が終了する

音声をミュートする場合は🔻、映像をオフにする場合は🔻をタップする

COLUMN　音声通話とビデオ通話を切り替える

ビデオ通話の途中で音声通話に切り替えたい場合は、🔻をタップします。また、ビデオ通話での着信を受けた場合、［カメラをオフにして応答］をタップすれば、最初から音声通話で応答することが可能です。

画面右上にあるカメラ型のアイコンをタップすると、カメラを前面と背面で切り替えられます。

CHAPTER 1
042

LINE 通話
固定電話やLINEを使っていない人と音声通話する

LINE Outを利用すれば固定電話やLINEを利用していない人と格安で通話できます。「コールクレジット」という専用の仮想通貨をチャージするか、30日プランを購入すれば利用できるようになります。ここでは購入から通話までの手順を解説します。

コールクレジットをチャージする

スマートフォンでは240円分のコールクレジットを購入し、LINE Outを利用します。携帯電話とは14円／分、固定電話とは3円／分で通話できます。30日プランは公式サイト（http://line.me/ja/call/price）で購入できます。

1 「その他」画面を表示する

2 ［Call］をタップ

3 ▦（Androidでは▦）→［利用開始］をタップ

4 画面左下の●をタップ

5 ［購入する］→［OK］をタップ

6 画面の指示に従ってチャージの手続きを行う

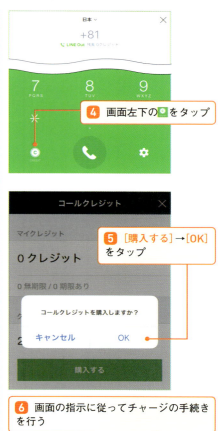

💡 30日プランの通話料は、携帯電話とは6.5円／分、固定電話とは2円／分となります。

087

LINE Outで通話する

1 「その他」画面を表示する

2 [Call] をタップ

3 🎹（Androidでは🎹）をタップ

4 電話番号を入力

5 📞をタップ

通話が発信される

友だちが応答すると、通話が開始される

6 🔴をタップすると通話が終了する

音声をミュートする場合は🎤、音量を調整する場合は🔊をタップ

> **HINT** スマートフォンの連絡帳を利用する
>
> 手順**3**の「通話」画面で👤をタップすると、スマートフォンの連絡帳が表示されます。通話したいユーザーの📞をタップすれば、通話を発信できます。

Androidの場合は、LINEコインをコールクレジットにチャージすることも可能です。

CHAPTER 1
043

LINE ホーム／タイムライン

ホームに投稿する

LINEには、自分の近況やプロフィールの更新情報などを発信できる「ホーム」画面が用意されています。ホームに投稿した内容は、自動的にタイムライン（P.91参照）にも反映されます。また友だちのホームも、個別に閲覧することが可能です。

ホーム画面を表示する

1「友だち」画面を表示する

2 自分の名前をタップ

自分のホームが表示される

3 [ホーム]をタップ

HINT 友だちの「ホーム」を見る

「友だち」画面で任意の友だちをタップし、をタップすると、友だちのホームを見ることができます。

プロフィール写真などの各種変更を行ったときも、その旨が自動でホームに投稿されます。

089

ホーム画面に投稿する

● 文章を投稿する

1 自分のホームを表示する

2 ［投稿］（Androidでは✏️）をタップ

3 投稿内容を入力

4 ［完了］（Androidでは✓）をタップ

ホームに近況が投稿され、タイムラインにも反映される

● 写真を投稿する

1 自分のホームを表示する

2 ［画像］をタップ

3 写真の保存先を選択し、投稿したい写真をタップ

4 ［選択］をタップ

Androidでは、✏️→📷→［ギャラリー］をタップし、写真を選択する

5 投稿内容を入力

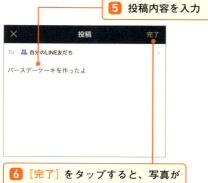

6 ［完了］をタップすると、写真がホームに投稿され、タイムラインにも反映される

💡 ホームには、文章や画像以外にも、スタンプや動画を投稿することができます。

CHAPTER 1

044

LINE ホーム／タイムライン

タイムラインに投稿する

友だちのホームをそのつど確認するのが面倒なときは、「タイムライン」を活用しましょう。友だちのホームが時系列順に表示されているので、友だちの近況を効率よく閲覧できます。またここから自分の近況も簡単に投稿できます。

タイムラインに投稿する

タイムラインとは、友だちの近況やプロフィール画像の変更などの履歴を確認できる画面です。1対1やグループのトークとは違い、初期状態だと投稿内容はすべての友だちに公開されます。多くの人へメッセージを送りたいときなどに役立ちます。

1 をタップして「タイムライン」画面を表示する

2 ［投稿］をタップ

3 投稿内容を入力

4 ［完了］をタップ

タイムラインに近況が投稿される

画面上部のタブから、画像やスタンプも投稿できる

HINT Androidでタイムラインに投稿する

をタップして「タイムライン」画面を表示し、→［投稿］の順にタップすると、投稿画面が表示されます。

💡 タイムラインの友だちの近況には「いいね」やコメントを付けられます（P.93参照）。

091

CHAPTER 1
045 タイムラインの投稿を修正／削除する

LINE ホーム／タイムライン

タイムラインの投稿は、いつでも修正したり削除できます。誤字脱字、追記などがある場合に利用するとよいでしょう。なお、タイムラインの投稿を削除した場合は、コメントやいいねも削除され、復元することはできないので注意しましょう。

投稿内容を編集する

1「タイムライン」画面を表示する

2 修正／削除したい投稿をタップ

［投稿を修正］❶をタップすると、修正画面が表示される

4 投稿内容を修正し、[完了]をタップ

3 （Androidでは）をタップし、下記のどちらかの項目をタップする

［投稿を削除］❷（Androidでは［削除］）をタップすると、確認のポップが表示される

5 ［OK］をタップ

投稿内容を修正しても、タイムライン上には新たに通知などは表示されません。

CHAPTER 1
046

LINE ホーム／タイムライン

タイムラインの投稿に返信する

タイムラインの投稿には、コメントや「いいね」などを付けて反応を返すことができます。また友だちからコメントが送られてきたら、さらにコメントを返信すると、トークとはまた違ったコミュニケーションを楽しめるでしょう。

友だちの投稿にコメントする

1「タイムライン」画面で友だちの投稿をタップし、詳細を表示する

2［コメントする］をタップ

コメントが送信される

友だちからコメントが送り返されると、自分のコメントの下に表示される。コメントの数は投稿内容の右下で確認できる

◎をタップすると写真を添付できる

3 コメントを入力

◎をタップするとスタンプを送信できる

4［送信］（Androidでは▶）をタップ

HINT 「いいね！」を送る

友だちの投稿を表示して、［いいね］をタップすると、6種類のスタンプを送ることができます。「いいね」の数も投稿内容の右下で確認できます。

⚠ ほかのSNSとは異なり、「いいね」やコメントはLINEユーザー以外には閲覧できません。

093

友だちからの反応に返信する

自分の投稿にコメントが付くと、通知が表示される

1 🔔をタップ

2 通知をタップ

コメントの付いた投稿が表示される

3 返信したい相手をタップ

入力欄の先頭に相手の名前が表示される

4 返信内容を入力

5 ［送信］（Androidでは▶）をタップ

返信コメントが送信される

HINT タイムラインの返信内容を削除する

iPhoneの場合は、返信内容を左方向にフリックし、［削除］をタップすると、返信内容が削除されます。Androidの場合は、返信内容を長押しして［削除］をタップしましょう。

「いいね」は、一度付けると削除できませんが、付けたスタンプの種類は変更できます。

CHAPTER 1　047

LINE　ホーム／タイムライン

タイムラインの投稿範囲を設定する

タイムラインの投稿内容は、基本的にすべての友だちに公開されます。しかし「その他」画面から、友だちごとに公開／非公開を設定することも可能です。このほか特定の友だちの投稿を非表示にもできます。状況に応じて活用しましょう。

投稿の範囲を設定する

1「その他」画面を表示する

2 ［設定］をタップ

3 ［タイムライン］をタップ

4 ［公開範囲設定］をタップ

5 非公開にしたい相手の［非公開］をタップ

6 ［保存］→［OK］をタップすると、タイムラインの公開範囲が変更される

Androidでは、✓→［OK］をタップして、公開範囲を変更する

> 手順 **5** ～ **6** で非公開に設定しても、自分のタイムラインにはその友だちの投稿が表示されます。

095

特定の投稿を非表示にする

●投稿を非表示にする

1「タイムライン」画面を表示する

2 削除したい投稿を左方向にスワイプ

Androidの場合は、投稿を長押しする

3［非表示］（Androidでは［タイムラインに非表示］）をタップ

4［OK］をタップ

●非表示リストを確認する

1［その他］→［設定］→［タイムライン］をタップする

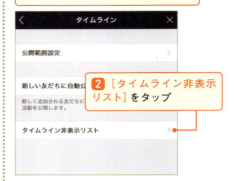

2［タイムライン非表示リスト］をタップ

非表示リストが表示され、自分のタイムラインに投稿が表示されない友だちを確認できる

> **HINT 非公開を解除する**
>
> 「非表示リスト」を表示した際、［非表示解除］をタップすると、非公開の設定が解除され、次回の投稿から再びタイムラインに表示されます。
>
>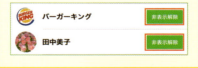

［新しい友だちに自動公開］をオフにすると、投稿が新しい友だちに公開されなくなります。

CHAPTER 1
048

LINE ホーム／タイムライン

タイムラインの公開リストを作成する

タイムラインの投稿を特定の友だちだけに公開したい場合は、公開リストを作成するのがおすすめです。一度作成した公開リストは、投稿ごとに指定することが可能です。リストにはわかりやすい名前を付けておくとよいでしょう。

リストを作成する

1 P.91を参考にタイムラインの「投稿」画面を表示する

2 公開範囲をタップ

3 ［＋追加］（Androidでは ⊞）をタップ

4 リストに追加したい友だちをタップ

5 ［確認］（Androidでは［選択］）をタップ

6 リストの名前を入力

7 ［完了］（Androidでは ✓）をタップすると、公開リストが作成される

💡 リスト作成後、手順 **3** の画面で［編集］をタップすると友だちを追加・削除できます。

097

リストの友だちに投稿する

1 タイムラインの「投稿」画面を表示する

2 公開範囲をタップ

3 公開リストをタップ

タイムラインの宛先が公開リストに変更される

4 投稿内容を入力

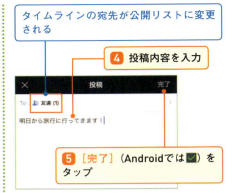

5 ［完了］（Androidでは ✓ ）をタップ

タイムラインの投稿が公開リストの友だちだけに公開される

HINT 公開リストを編集・削除する

「投稿の公開設定」画面で ⚙ をタップし、編集したい公開リストの［編集］をタップすると、リスト名の変更や削除、メンバーの追加・削除、リストの削除を行えます。

HINT グループから公開リストの友だちを登録する

P.97の手順 **4** の画面で［グループから選択］をタップすると、グループに登録した友だちから誰を公開リストに登録するか選択できます。

公開リストを削除すると、元に戻すことはできないので慎重に行いましょう。

CHAPTER 1 049

LINE 関連／ゲームアプリ

LINEの関連・ゲームアプリをインストールする

LINEには、登場キャラクターにちなんだ関連アプリや、ちょっとした時間に遊べるゲームアプリも多数用意されています。情報収集やトークのメッセージをより目立たせたいとき、少し息抜きしたいときなどに利用しましょう。

関連アプリをインストールする

1 「その他」画面を表示する

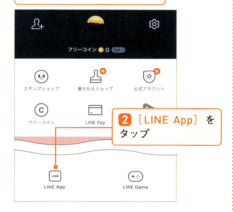

2 ［LINE App］をタップ

LINEの関連アプリ一覧が表示される

3 インストールしたいアプリをタップ

App Storeに切り替わる

4 ［入手］をタップし、画面の指示に従ってインストールを行う

AndroidではPlayストアの画面に切り替わるので、［インストール］をタップする

COLUMN ゲームアプリをインストールする

「その他」画面で［LINE Game］をタップすると、ゲームアプリの一覧が表示されます。好みのものをタップしてインストールしましょう。

💡 手順3の画面で ⬇ が表示されていないアプリは、インストール不要で利用できます。

LINE 関連／ゲームアプリ

CHAPTER 1
050 おすすめLINEアプリ

ここでは、LINEでおすすめの関連アプリやゲームアプリを紹介します。ぜひ活用して、LINEをもっと楽しみましょう。これらのアプリはApp Store や Playストアから入手できます。

●スキマ時間で遊ぶ

 ディズニーツムツム
開発者：LINE Corporation
価　格：無料

ディズニーの人気キャラクターのぬいぐるみである「ツムツム」を、なぞってつなげて消すパズルゲームです。LINEの友だち同士で、スコアを競って楽しめます。

●人気漫画を無料で読む

 LINE マンガ
開発者：LINE Corporation
価　格：無料

さまざまな漫画や小説を、無料で読んだり、一部を立ち読みしたりできます。LINEコインを使って購入すれば、有料の本も全ページ読むことができます。

COLUMN
 LINE と連携させる

LINE App や LINE Game は、初回起動時に［LINEログイン］をタップし、アクセス権限に同意してLINEと連携すると、LINEの友だちと一緒にゲームで対戦したりなどして、より楽しめます。

アプリの連携は、［設定］→［アカウント］→［連動アプリ］から解除できます。

●アバターで交流する

 LINE Play
開発者：LINE Corporation
価　格：無料

自分のアバター（分身）を作って、友だちとチャットやゲームを楽しめます。有料でさまざまなアイテムを購入し、部屋やアバターを装飾することもできます。

●大事なトークをバックアップする

 チャット箱
開発者：Masafumi Yoshida
価　格：無料

LINEのトーク内容をバックアップし、カレンダー形式で管理できます。トーク内容を検索したり、大事なメッセージをお気に入りに登録することもできます。

●日程を調整する

 LINEスケジュール
開発者：LINE Corporation
価　格：無料

友だちと日程調整を行うための専門アプリ。イベントを作成して招待し、友だちから三択で回答をもらいます。トークよりも簡単に各人の都合を確認できます。

●気になる分野の最新情報を調べる

 **LINE NEWS**
開発者：LINE Corporation
価　格：無料

「政治」や「経済」など、気になるカテゴリごとにニュースをチェックできます。特に気になる話題の続報を通知したり、自分で決めた定時にニュースを配信したりもできます。

> これらのアプリの通知は、[設定] → [アカウント] → [連動アプリ] でオフにできます。

LINE セキュリティ

CHAPTER 1
051 パスコードロックを設定する

LINEをより安全に利用するために、パスコードロックを設定しておきましょう。パスコードを設定すると、LINEアプリ起動時に4桁のパスコード入力が求められ、第三者による勝手な使用を防ぐことができます。

パスコードロックを設定する

LINEを利用するにあたり、「セキュリティが何となく不安」と感じる人もいるかと思います。しかしこれから紹介する設定をきちんと行えば、無用なトラブルの多くは防げます。まずはパスコードの設定から、はじめてみましょう。

1 「その他」画面を表示する

2 [設定]をタップ

4 「パスコードロック」をタップ

3 [プライバシー管理]をタップ

5 設定したいパスコードを入力

パスコードロック設定後は、通知を受信しても本文の一部が表示されなくなります。

●パスコードを変更する

1 「プライバシー管理」画面を表示する

[パスコードの変更]をタップ

6 もう一度設定したいパスコードを入力すると、パスコードロックが設定される

7 ホーム画面からLINEを起動すると、パスコードの入力を求められる

3 新しいパスコードを入力

HINT ❓ パスコードを無効にする

「その他」画面で［設定］→［プライバシー管理］→「パスコードロック」の ●をタップしてオフに切り替えると、パスコードが無効になります。

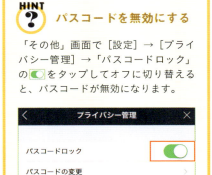

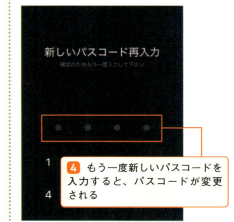

4 もう一度新しいパスコードを入力すると、パスコードが変更される

⚠️ パスコード入力を連続で失敗するとLINEがロックされ、しばらくすると解除されます。

CHAPTER 1 052

LINE セキュリティ

IDで
検索されないようにする

18歳以上で年齢認証を済ませると、誰でもLINE IDを検索することができます。ID設定後、知らない人から頻繁にメッセージが送られてくるようなら、「その他」画面で「ID検索の許可」をオフにしておきましょう。

IDの検索許可をオフにする

いちど設定したLINE IDは変更できませんが、「その他」画面から検索の許可／未許可を切り替えられます。未許可に設定すると、たとえ18歳以上のユーザーでも、あなたのIDを検索して友だちに追加することはできなくなります。

1 「その他」画面を表示する

2 ［設定］をタップ

3 ［プライバシー管理］をタップ

4 「IDで友だち追加を許可」の 🟢 をタップしてオフにする

Androidでは「IDによる友だち追加を許可」の ✅ をタップして、チェックを外す

5 未許可に設定にすると、ほかのユーザーがID検索をしたときに上のメッセージが表示される

104　💡 見知らぬユーザーからID検索で追加された場合は、「知り合いかも？」で確認できます。

CHAPTER 1

LINE セキュリティ

053 LINEの友だち自動追加機能をオフにする

LINEは、スマートフォンの連絡帳を利用して友だちを自動的に追加できます。便利ですが、この機能では友だちに登録したくないユーザーまで追加されてしまうため、不必要な場合はオフにしておきましょう。

自動追加機能をオフにする

友だちの自動追加機能は2つあります。「友だち追加」は連絡帳の中のLINEユーザーを友だちにでき、「友だちへの追加を許可」は自分の電話番号を知っている相手を友だちに追加できます。これらは「その他」画面でオン／オフを切り替えられます。

●友だちを自動追加しないようにする

1 ［その他］→［設定］で、「設定」画面を表示する

2 ［友だち］をタップ

3 「友だち追加」の ◯ をタップしてオフにする

設定後は、自分の連絡帳から友だちが自動追加されなくなる

●友だちに自動追加されないようにする

1 ［その他］→［設定］で、「設定」画面を表示する

2 ［友だち］をタップ

3 「友だちへの追加を許可」の ◯ をタップしてオフにする

設定後は友だちの連絡帳から自分が自動追加されなくなる

(!) 友だちの自動追加機能を利用するには、電話番号を登録しておく必要があります。

CHAPTER 1
054

LINE セキュリティ

友だち以外からの メッセージを拒否する

LINEは、相手が自分を友だちに追加していると、その相手からメッセージが届くケースがあります。そのような場合は、LINE上で友だちでない人からのメッセージを受け取らないように設定しておくといいでしょう。

メッセージの受信範囲を制限する

自分が友だちに設定していない相手からメッセージは届いた場合は、下記のようなメッセージが表示される

1 「その他」画面を表示する

2 [設定]をタップ

3 [プライバシー管理]をタップ

「プライバシー管理」画面が表示される

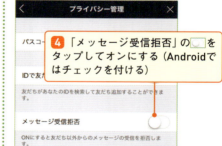

4 「メッセージ受信拒否」の ◯ をタップしてオンにする（Androidではチェックを付ける）

友だち以外からのメッセージ受信がブロックされる

COLUMN メッセージ受信拒否機能の注意点

「メッセージ受信拒否」をオンにすると、友だち自動追加機能やIDで自分を友だちにした知り合いからも、メッセージが届かなくなります。もし友だちに未登録の知り合いからメッセージが送られてくるのがわかっているような場合は、オフにしておくとよいでしょう。

メッセージ受信時の相手が友だちなら、トークルーム左上の[追加]をタップしましょう。

CHAPTER 1
055

LINE セキュリティ

セキュリティを さらに高める

別の機種でLINEにログインするときは、メールアドレスとパスワードが必要です。もしこれらの情報が誰かに知られると、アカウントが乗っ取られる可能性もあります。そうしたことにならないよう、これらの情報は定期的に変更しましょう。

メールアドレスとパスワードを変更する

メールアドレスはログイン時やアカウント情報の引き継ぎなどに必要となりますが、ほかのSNSやタブレットと連携していると、思わぬ形で漏洩する可能性があります。不安な場合はFacebookとの連携なども解除しましょう（P.116参照）。

● メールアドレスを変更する

1 「その他」画面を表示する

2 [設定] をタップ

4 [メールアドレス変更]（Androidでは [メールアドレス登録]）をタップ

3 [アカウント] をタップ

5 [メールアドレス変更] をタップ

> 初期設定時にメールアドレスを登録していない場合は、「設定」から登録できます。

●パスワードを変更する

1 「メールアドレス変更」画面を表示する

2 [パスワード変更]をタップ

3 パスワードを入力

4 [OK]をタップ

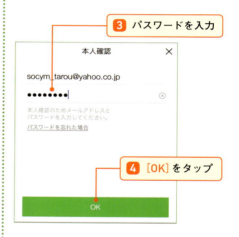

5 新しいパスワードを2回入力

6 [OK]をタップすると、新しいパスワードに変更される

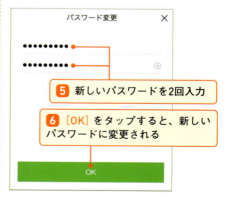

6 パスワードを入力

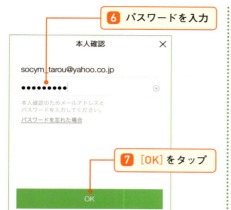

7 [OK]をタップ

8 新しいメールアドレスを入力

9 パスワードを2回入力

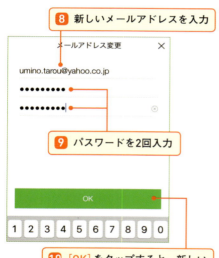

10 [OK]をタップすると、新しいメールアドレスに変更される

> **HINT** パスワードを忘れてしまったら
>
> メールアドレス登録時に設定したパスワードを忘れてしまったら、「本人確認」画面で、[パスワードを忘れた場合]をタップして、再発行の手続きを行いましょう。

💡 パスワードを忘れそうな場合は、「1Password」(P.109) などに記録しておくとよいでしょう。

CHAPTER 1
056

LINE セキュリティ

「1Password」でLINEの パスワードを管理する

LINEを安全に使うには、定期的なパスワード変更が効果的です。「1Password」を利用すれば、新しいパスワードも忘れずに管理できます。さらにLINEのログインをより容易にしたり、強固なパスワードに変更する機能も用意されています。

LINEと1Passwordにパスワードを保存する

1Passwordは、SNSなどのパスワードを複数保管できるアプリです。iPhoneではLINEとの連携が可能で、新機種でLINEにログインしたとき、1Passwordの画面を呼び出して、コピー&ペーストで簡単にパスワードを入力することができます。AndroidではLINEのパスワードの保存のみ行なえます。

●1Passwordを起動する

1Password
開発者：AgileBits Inc.
価　格：無料

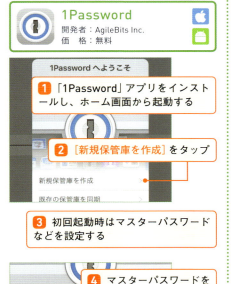

1 「1Password」アプリをインストールし、ホーム画面から起動する

2 ［新規保管庫を作成］をタップ

3 初回起動時はマスターパスワードなどを設定する

4 マスターパスワードを入力

5 🔒をタップ

6 ［カテゴリー］をタップ

7 ＋をタップ

Androidでは、☰→［カテゴリ］をタップする

8 ［ログイン］をタップ

💡 マスターパスワードは、1Password内で利用するパスワードです。

109

9 「LINE」と入力

10 ［Create Login for "LINE"］をタップ

11 P.18で設定したLINEのメールアドレスとパスワードを入力

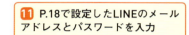

12 ［保存］をタップ

13 「Safari」アプリを起動する

14 画面下部中央の□をタップし、［その他］をタップ

15 「1Password」の○をタップしてオンにする

16 LINEの「本人確認」画面を表示する

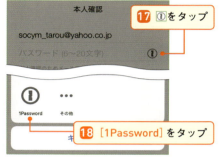

17 ①をタップ

18 ［1Password］をタップ

1Password起動後、［ログイン］→［LINE］をタップし、LINEのパスワードを表示する

19 パスワードを長押しして［コピー］をタップ

［完了］をタップしてLINEを再表示し、パスワードをペーストしてログインなどを完了させる。なおAndroid版では連携は行えない

HINT より強力なパスワードにする

ホーム画面で1Passwordを起動してログインして、［ログイン］→［LINE］をタップします。そのあと画面右上の［編集］→［Generate New Password］をタップすると、より複雑で長いパスワードに変更することができます。

1Password（iPhone版）はLINEのほかInstagramなどとも連帯可能です。

CHAPTER 1
057

LINE セキュリティ

トークルームで怪しい人物を通報する

LINEは多くのユーザーが利用しているため、怪しいユーザーからメッセージが届く可能性もゼロではありません。あまりに悪質な場合は、LINEから通報しましょう。通報後に運営側がスパムアカウントと判断すると、相手のアカウントは停止されます。

不審者を通報する

1 「トーク」画面を表示する

2 友達の名前をタップ

トークルームが表示される

3 [通報]をタップ

4 通報理由をタップ

5 [同意して送信]をタップ

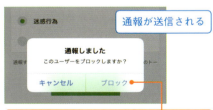

通報が送信される

6 必要に応じてユーザーをブロックする

HINT すでに友だちになった人を通報するには？

相手を友だちに追加していた場合は、トークルーム右上の ▽ をタップし、[トーク設定]→[通報]をタップします。

💡 通報すると、該当ユーザーの最新100件までのメッセージも一緒に送信されます。

CHAPTER 1
058

LINE セキュリティ

LINEのデータを他の端末に受け継ぐ

LINEのデータは、スマートフォンを新しい端末に買い替えても、そのまま引き継ぐことができます。現在の端末で引き継ぎの設定を有効にしたあと、24時間以内に新しいスマートフォンでLINEにログインする必要があります。

現在の端末で引き継ぎ設定をオンにする

1「その他」画面を表示する

2［設定］をタップ

「設定」画面が表示される

3［2段階認証］をタップ

4「アカウントを引き継ぐ」の○○をタップしてオンにする

5［OK］をタップして、アカウントの引き継ぎ設定をオンにする

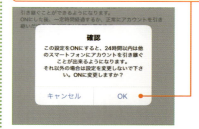

HINT 引き継ぎは24時間以内に行う

手順**5**の設定後は、24時間以内にアカウントの引き継ぎを完了させましょう。24時間が経過すると、引き継ぎ設定がオフになり再度オンにしなければなりません。

112　以前までアカウントの取得時に入力していた4桁のPINは、現在では廃止されました。

他の端末にデータを引き継ぐ

機種変更後にLINEをインストールして起動する

1 ［ログイン］をタップ

2 メールアドレスとパスワードを入力

3 ［確認］をタップ

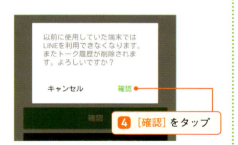

4 ［確認］をタップ

5 P.18を参照して、初期設定を行う

以前のアカウントを引き続き利用できる

HINT 以前とは電話番号が違う場合

上記の画面で以前の端末とは違う番号を入力した場合は、「2段階認証」画面が表示されます。［続行］をタップして初期設定を完了させましょう。うまくいかなかったときは、［認証コードを受け取る］か［上記の方法が利用できない場合］をタップして、画面の指示に従って操作を進めましょう。

COLUMN 引き継ぎが可能なデータ

友だちリストやプロフィール情報、購入したスタンプ履歴といったデータは引き継げます。しかしiPhoneからAndroidのように、違うOSの機種でアカウントを継承した場合は、LINEコインの残高などは引き継がれません。また過去のトーク履歴も引き継がれないため、P.53を参照してバックアップしておきましょう。

 新しい端末でアカウントを引き継ぐと、以前の端末ではLINEを利用できなくなります。

CHAPTER 1
059

LINE その他

連動アプリの通知を
オフにする

P.100で関連アプリやゲームアプリをインストールすると、バージョンの更新などのたびに通知が届くようになります。もしわずらわしく感じてきたら、「その他」画面から設定をオフにしておきましょう。

通知をオフにする

1 ［その他］→［設定］で、「設定」画面を表示する

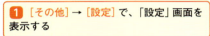

2 ［通知］（Androidでは［通知設定］）をタップ

4 通知をオフにしたいアプリをタップ

3 ［連動アプリ］をタップ

5 「メッセージ通知」の ◯ をタップしてオフにする（Androidではチェックを外す）

114　連動アプリのメッセージを受信したくない場合は、［メッセージ受信］をオフにします。

CHAPTER 1 060

LINE その他

連動アプリを確認・解除する

LINEの関連アプリやゲームアプリは、LINEと連動してそのつどメッセージを知らせたり、バックグラウンドで通信を行います。これらのアプリをアンインストールしても連動は継続するため、不要なアプリとの連動は解除しましょう。

連動を解除する

1 [その他]→[設定]で、「設定」画面を表示する

2 [アカウント]をタップ

3 [連動アプリ]をタップ

4 連動を解除したいアプリをタップ

連動アプリの情報が表示される

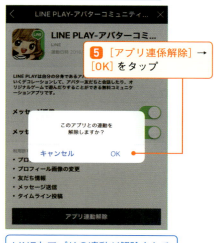

5 [アプリ連係解除]→[OK]をタップ

LINEとアプリの連動が解除される

> LINEとの連動を解除しても、関連アプリやゲームアプリ自体のデータは削除されません。

CHAPTER 1
061

LINE その他

Facebookとの連携を解除する

初期設定時にFacebookアカウントを登録すると、自動的にLINEとFacebookのアカウントが連携されます。個人情報漏洩防止などのために連携を解除したい場合は、LINEに電話番号を登録したあと、下記の操作を行いましょう。

連携を解除する

1 「その他」画面を表示する

2 ［設定］をタップ

「設定」画面が表示される

3 ［アカウント］をタップ

4 ［連携解除］（Androidでは［解除］）をタップ

5 ［OK］をタップすると、LINEとFacebookとの連携が解除される

電話番号を登録していない場合は、Facebookとの連携を解除することはできません。

CHAPTER 1
062

LINE その他

大事な写真や動画を保存する

LINEでやり取りした大事なメッセージ、写真、動画などあらゆるファイルは、「LINE Keep」に保存すればあとからいつでも見返すことができます。アカウントの引き継ぎ時などにこれらのデータを残しておきたいとき、活用しましょう。

LINE Keepで保存する

1 友だちのトークルームを表示する

2 保存したいデータを長押し

3 [Keep]をタップ

4 保存したいデータをタップして選択

5 [保存]をタップ

Androidでは、[Keepに保存]→データを選択→[Keep]をタップする

6 「友達」画面で自分の名前→[Keep]をタップ

Keepに保存したデータを閲覧できる

COLUMN
LINE Keepとは

LINE Keepは、トークでやりとりしたファイルをLINEのサーバーに保存できる、LINEの新機能です。保存容量は最大1GBで、保存期間は無制限ですが、一度に50MB以上のファイルを保存した場合のみ30日間に制限されます。P.53で紹介した方法とは異なり、特定のメッセージや写真、動画だけを保存することも可能です。

公式アカウントから受信した写真は、LINE Keepの保存対象外となるので注意しましょう。

CHAPTER 1 063

LINE その他
ほかの端末のログインを許可する

P.18で設定したメールアドレスとパスワードでログインすれば、パソコンやタブレットなどふだん利用しているスマホ以外からでもLINEを利用できます。まずはLINEの「設定」画面で、「ログイン許可」をオンに設定しましょう。

複数の端末でログインする

1 ［その他］→［設定］で、「設定」画面を表示する

2 ［アカウント］をタップ

3 「ログイン許可」の ◯ をタップしてオンにする（Androidではチェックを付ける）

タブレットやパソコンからのログインが可能になる

パソコンやタブレットなどでログインすると、スマートフォン側のLINEアプリに「本人確認」画面が表示される

4 認証番号を入力

5 ［本人確認］をタップ

ほかの端末のログインが完了すると、「ログイン中の端末」画面に表示される。［ログアウト］をタップすると、強制的にログアウトできる

特に必要がない場合は、他の端末の「ログイン許可」はオフに設定しておきましょう。

CHAPTER 1 064

LINE その他

アカウントを削除する

LINEを今後使用しない場合は、アカウントを削除して個人情報を残しておかないようにしておくことをおすすめします。アカウントを削除すると、友だちリスト、トーク履歴、有料スタンプなどすべてのデータがLINE上から消去されます。

アカウントを削除する

iPhoneの場合

1 「その他」画面を表示する

2 [設定]をタップ

「設定」画面が表示される

3 [アカウント]をタップ

4 [アカウント削除]をタップ

5 [アカウントを削除]→[OK]をタップ

削除が完了し、LINEのすべてのデータが消去される

> LINEのアカウントは複数の機種で共有することはできません。

📱 Androidの場合

1 「その他」画面を表示する

2 ［設定］をタップ

「設定」画面が表示される

3 ［アカウント］をタップ

4 ［アカウント削除］をタップ

5 ［アカウントを削除］をタップすると、LINEのアカウントが削除される

COLUMN 🏛 アカウント削除後に復元はできる？

LINEアカウントは、一度削除してしまうと復元できませんが、同じ電話番号やFacebookアカウントを使って新しいアカウントを取得することは可能です。

COLUMN 🏛 削除後は、友だちのLINEにどう影響する？

LINEアカウントを削除すると、相手の友だちリストからも自分のデータが削除されます。

⚠ 一度アカウントを削除しても同じ電話番号での再取得が可能です。

CHAPTER 2

Instagramを
使いこなす

Instagram 概要

Instagramって何？

「Instagram」（インスタグラム）は、写真や動画の投稿に特化したSNSです。フィルタやタグなど、写真を簡単に編集できる機能が用意されており、誰でも気軽にオシャレな写真を投稿できることから、急速にユーザー数を伸ばしています。

●写真を投稿して交流する

Instagramは特に女性や若年層のユーザーが多く、料理やペット、風景など多くの写真が投稿されています。また、ブランディングやプロモーション用として、著名人や有名ブランド店などのユーザーが多いのも大きな特長です。

タイムラインの投稿写真は、すべて正方形で統一されている。

最初から用意されているフィルタ機能などで、簡単に写真を編集できる。

写真のURLを伝えることで、自分の写真を非ユーザーの友だちにも見てもらえます（P.151参照）。

CHAPTER 2 066

Instagram 概要

Instagramでどんなことができるの？

Instagramではタイムラインに表示された相手の写真に「いいね」や「コメント」を付けることでコミュニケーションできます。また「ハッシュタグ」と呼ばれるキーワードから、気になる写真とユーザーを見つけることも可能です。

●ユーザーをフォローする

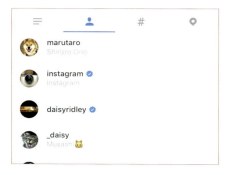

まずはユーザーをフォローしましょう。以後、その人の投稿写真がタイムラインに表示されるようになります。検索機能で友だちや著名人をアカウントを探すこともできます。

●「いいね」やコメントを付ける

投稿した写真に「いいね」やコメントを付け、気軽に感想を伝えると、相手からリアクションが返ってきて、タイムライン上でさらに交流を深められます。

●ハッシュタグを活用する

ハッシュタグを検索すると、そのタグが付けられた他のユーザーの写真を簡単に鑑賞できます。どんな写真が人気を集めているのか調べたいときに役立ちます。

位置情報を写真に付加した場合は、地図上で撮影場所を確認することもできます。

CHAPTER 2
067

Instagram アカウント

Instagramのアカウントを取得する

メールアドレスかFacebookのアカウントがあれば、Instagramのアカウントを取得できます。ここでは主にメールアドレスでの登録方法を紹介します。ユーザー名とパスワードは登録時に必要となるので、あらかじめ決めておきましょう。

メールアドレスを使ってアカウントを取得する

1 ホーム画面で［Instagram］をタップし、アプリを起動する

2 ［電話番号またはメールアドレスで登録］をタップ

3 ［メールアドレスで登録］をタップ

4 ログイン用のメールアドレスを入力

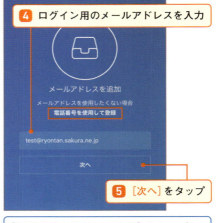

5 ［次へ］をタップ

［電話番号を使用して登録］をタップし、電話番号を代用することも可能

6 ユーザー名とパスワードを入力

7 ［次へ］をタップ

Facebookユーザーは、手順**2**で［Facebookでログイン］をタップすると登録を簡略化できます。

登録を完了する

ユーザー名やパスワードの設定後、Facebookアカウントとのリンクを促す画面などが表示されますが、ここではいったんスキップします。初期設定を一通り終え、メールアドレスの認証が完了すると、Instagramが利用可能となります。

前ページの手順 6 のあとFacebookなどとの連携画面が表示される

1 [スキップ]→[スキップ]をタップ

2 [完了]をタップ

3 [そのまま続ける]をタップ

4 初期設定が完了し、ホーム画面が表示される

5 [メール]アプリを起動し、Instagramからのメールを表示する

6 [メールアドレスを認証してください]をタップ

Instagramのログイン画面が表示される

7 ユーザー名とパスワードを入力

8 [ログイン]をタップ

認証が完了し、Instagramが利用可能となる

> **HINT メールが届かない場合は？**
>
> 認証メールが届かない場合は、迷惑メールに振り分けられている場合があります。メールアプリの迷惑メールフォルダを確認してみましょう。

 初回登録時に氏名も入力できますが、Instagramではユーザー名のほうが検索に使われます。

125

CHAPTER 5 068

Instagram　アカウント

プロフィール写真を設定する

アカウントの登録が完了したら、投稿時にも表示されるプロフィール写真を設定しましょう。自分の顔写真のほか、ペットや花、食べ物など、好きなジャンルの写真を利用してみてもよいでしょう。ただし著作権や肖像権に触れるものはNGです。

プロフィール写真を設定する

1 ■をタップし、プロフィール画面を表示する

2 画面上部のプロフィール写真をタップ

3 ［ライブラリから選択］（Androidでは［新しいプロフィール写真］）をタップ

4 保存先を選択し、写真をタップ

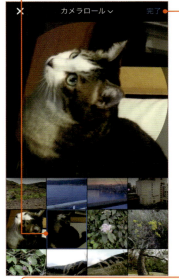

5 ［完了］（Androidでは➡）をタップ

ドラッグして表示位置を調整したり、ピンチ操作で拡大・縮小も可能

プロフィール写真が設定される

HINT　SNSの写真などを利用する

手順**4**の画面でFacebookやTwitterのプロフィール写真や、その場で撮影した写真もInstagramのプロフィール写真に設定できます。

Androidでは■をタップすると、複数の写真のコラージュもプロフィール写真にできます。

CHAPTER 2 069

Instagram アカウント

ユーザー情報を追加する

名前や自己紹介を登録すると、友だちに検索されたとき自分だとわかりやすくなります。あだ名や本名、興味のあるジャンルなどを書くとよいでしょう。ウェブサイトの登録も可能なので、ブログなどを持っている人はぜひ活用してみましょう。

名前などのユーザー情報を追加する

1 画面右下のプロフィール写真をタップし、「プロフィール」画面を表示する

2 「プロフィールを編集」をタップ

3 名前や自己紹介、性別などを入力

4 ［完了］（Androidでは✓）をタップ

名前や自己紹介が登録される

他のユーザーが自分を検索したとき、名前や自己紹介が表示されるようになる

性別やメールアドレス電話番号は「非公開情報」として、他のユーザーには公開されません。

CHAPTER 2
070

Instagram ユーザー関連
Facebookの友だちや連絡先を検索する

プロフィールの設定が一通り完了したら、写真を共有する友だちを追加していきましょう。Facebookのアカウントや連絡帳のデータを利用すると、効率よく友だちを増やすことができます。

Facebookの友だちを追加する

1 画面右下のプロフィール写真をタップして、「プロフィール」画面を表示する

2 画面右上の ⚙ (Androidでは ︙) をタップ

「オプション」画面が表示される

3 [Facebookの友達を検索] をタップ

4 Facebookのログイン用メールアドレスとパスワードを入力

5 [ログイン] をタップ

HINT Facebookの友だちをInstagramに招待する

手順**3**の画面で「Facebookの友達を招待」をタップ後、Facebookへのログインを完了させると、Facebookの友達でInstagramをまだ使っていない人を、メールで招待することができます。

このメッセージに何も入力しないと、「鈴木太郎さんからInstagramへの招待がありました」というメッセージが送信されます。

これを確認できるのは、あなたが招待した友達のみです。

「オプション」画面ではプロフィール編集のほか、セキュリティの設定なども行えます。

「Facebookでログイン」画面が表示される

6 [○○としてログイン]をタップ

Facebookの友達で、Instagramを利用している人が表示される

7 [フォローする]をタップすると、投稿写真の共有が可能となる

連絡先から友達を増やす

1 前のページを参照し、「オプション」画面を表示する

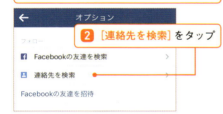

2 [連絡先を検索]をタップ

3 [アクセスを許可]（Androidでは[許可する]）をタップ

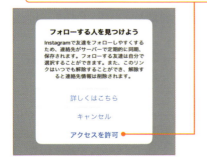

4 iPhoneの場合はさらに許可が求められる場合がある。[OK]をタップする

連絡先の中で、Instagramにも登録しているユーザーが表示される

5 [フォローする]をタップすると、投稿写真の共有が可能となる

Facebookの友達や連絡先の一覧、ユーザー名をタップすると、プロフィールを表示できます。

129

Instagram ユーザー関連

CHAPTER 2
071 ユーザー名で検索する

他のユーザーを自由に検索してフォローできるのも、Instagramの大きな特長です。この方法では身近な知り合いのほか、芸能人や有名なブランドなどが公開しているアカウントも検索できるので、ぜひ友達に加えましょう。

他のユーザーを検索する

1 をタップし、検索画面を表示する

2 画面上部の検索欄をタップ

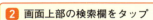をタップすると、Instagramおすすめのユーザーが表示される

3 ユーザー名かメールアドレス、電話番号のいずれかを入力

4 該当するユーザーをタップする

ユーザーのプロフィール画面が表示され、投稿などを確認できる

5 [フォローする]をタップすると、写真が共有可能になる

COLUMN 非公開にしているユーザーの場合

アカウントを非公開にしているユーザーの場合、手順5の画面で過去の投稿を確認できません。[フォローする]をタップしても、相手から承認されない限り、写真を共有することはできません。

Instagramのアカウントを非公開にする手順は、P.150で詳しく解説しています。

CHAPTER 2
072

Instagram ユーザー関連

ユーザーをフォローする

連絡先のデータから表示したり、検索したユーザーをフォローすると、そのユーザーが投稿した写真が自分のタイムラインに表示されます。相手がアカウントを公開している場合は、特に承認などは必要ありません。

ユーザーをフォローする

1 P.130を参照してユーザーを検索し、プロフィール画面を表示する

2 [フォローする]をタップ

[フォロー中]に表示が変わる

3 画面右下のプロフィール写真をタップ

自分のプロフィール画面の「フォロー中」が増えているのを確認できる

4 🏠 をタップ

自分のタイムラインで、フォローした相手の写真を見ることができる

> 友達の写真に「いいね」やコメントを送ると、より交流を深められます（P.140〜141参照）。

131

CHAPTER 2 073

Instagram タイムライン

タイムラインに写真や動画を投稿する

ユーザーの追加や編集を一通り終えたら、いよいよタイムラインに写真を投稿しましょう。その場で撮影した写真や、スマートフォンに保存した写真も投稿できます。投稿した写真は、フォロワーのタイムラインにも表示されます。

その場で写真を撮影して投稿する

1 ◉ をタップ

カメラやマイクへのアクセス許可を求められたら、[OK]をタップする

写真の撮影画面が表示される

2 ◉ をタップ

「フィルタ」画面が表示される

3 ここでは[次へ]（Androidでは➡）をタップする。フィルタや明るさの設定などはP.134以降を参照

HINT カメラやフラッシュの設定を変更する

手順**2**の画面で ◉ や ◉ をタップすると、前面と背面のカメラを切り替えたり、フラッシュを焚くことができます。

💡 投稿した写真はあとから「アクティビティ」画面で確認できます（P.143参照）。

「シェア」画面が表示される | 自分のタイムラインに写真が投稿される

4 任意でキャプション（コメント）を入力する

5 ［シェア］→［OK］（Androidでは✓）をタップ

保存した写真や動画を投稿する

●保存した写真を投稿する

1 前ページを参照して写真の撮影画面を表示する

2 ［ライブラリ］（Androidでは［ギャラリー］）をタップ

3 保存先を選び投稿する写真をタップ

4 ［次へ］（Androidでは→）をタップして投稿する

●動画を投稿する

1 ［動画］をタップ

2 ●を長押しする。最長で15秒間の撮影が可能

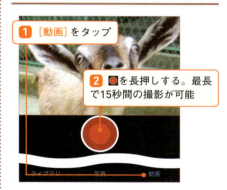

3 ●から指を離し、［次へ］（Androidでは→）をタップして投稿する

⚠ ■や◨をタップすると、写真のサイズを調整したり、コラージュを作成できます。

133

CHAPTER 2 074

Instagram タイムライン

写真にフィルタ効果を追加する

写真を投稿する際に、効果を加えて修正してみましょう。さまざまなフィルタが用意されているので、簡単に写真の雰囲気を変えることができます。トイカメラ風の画像にしたり、ソフトフォーカスにしたりしてみるのも楽しいものです。

写真にフィルタを設定する

1 その場で写真を撮影するか、過去の保存写真を選択し、右上の[次へ]（Androidでは→）をタップする

2 ◉をタップ

3 左右にフリックしてフィルタを探す

4 フィルタをタップ

5 [次へ]（Androidでは→）をタップすると写真を投稿できる

HINT その他の編集機能を利用する

手順**5**の前に、再びフィルタの名前をタップすると、◉を左右にドラッグしてフィルタの適用度を調整することができます。
また、「フィルタ」画面中央の☀をタップすると、写真の露出やコントラストの不足を調整することができます。手軽に写真を美しくしたいとき、活用しましょう。

動画にもフィルタなどの効果を追加することができます。

CHAPTER 2
075

Instagram タイムライン

写真の投稿時に角度や明るさを調整する

写真が斜めだったり暗すぎるなどして、クオリティがいまいちだと感じたときは、調整を行ってからタイムラインに投稿しましょう。「ツール」にはさまざまな機能が用意されているので、大抵の場合は対応できます。

ツール機能で写真を編集する

1 P.134を参照して「フィルタ」画面を表示し、をタップする

2 画面下部をフリックし、ツール機能を選ぶ（ここでは[調整]をタップする）

3 ■を左右にドラッグして傾きを調整する

4 調整が完了したら、✓をタップ

COLUMN ツールで使える機能

Instagramのツールでは、下記のような機能を利用できます。

名称	説明
調整	写真の傾きを調整します
明るさ	写真の明るさを補正します
コントラスト	写真の色の濃淡を補正します
ストラクチャ	写真の細部をよりくっきりと表示します
暖かさ	写真の暖色（赤や黄色など）を目立たせます
彩度	写真の彩度を調整します
色	写真の中の特定の色を目立たせます

名称	説明
フェード	写真をわざと色あせたように演出します
ハイライト	写真の明るい部分を目立たせたり、補正します
影	写真の暗い部分を目立たせたり補正します
ビネット	写真の四角の明るさを調整します
チルトシフト	写真を円形や帯状にぼかすことができます
シャープ	ピンぼけした写真をくっきりと補正します

⚠ 画面下部で複数の機能を選ぶことも可能です。また投稿後も写真は元の状態のまま残ります。

CHAPTER 2

076

Instagram タイムライン

投稿する写真に タグ付けする

タグ付けとは、写真の好きな場所に自分以外のユーザーの情報を追加する機能です。一緒に写っているメンバーなどをタイムライン上で知らせることができます。また、タグ付けされたユーザーには通知が届きます。

写真にユーザーをタグ付けする

タグ付けされた写真は自分のフォロワーに公開され、フォロワーは投稿写真を通じて、タグ付けされたユーザーのプロフィールなどを確認できます。交流の輪を広げるには便利ですが、タグ付けする相手にはメールなどで一声かけておきましょう。

1 P.133を参照して「シェア」画面を表示する

2 ［タグ付けする］をタップ

3 写真上でタグ付けしたい箇所をタップ

4 検索欄にタグ付けしたいユーザーの名前を入力

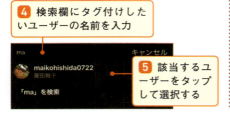

5 該当するユーザーをタップして選択する

タグ付けしたユーザーの名前が表示される

6 ［完了］（Androidでは✓）をタップして、写真を投稿する

HINT タグ付けした写真を確認する

投稿後にタイムラインでタグが付いた写真をタップすると、タグ付けされたユーザー名が表示されます。ユーザー名をタップすると、相手のプロフィールや投稿写真などを確認できます。

自分がタグ付けされた場合も、「アクティビティ」画面に通知が表示されます。

CHAPTER 2 077

Instagram タイムライン

投稿する写真に位置情報を追加する

写真には、お店やイベント会場などの位置情報も追加できます。追加すると写真の撮影場所を地図上で友達へ知らせたり、同じ場所で撮影された写真を簡単に確認したりできるようになります。前述のタグと合わせて、活用してみましょう。

位置情報を追加する

位置情報を利用する場合は、事前に「設定」アプリで位置情報の利用を「許可する」に切り替えておくとスムーズに操作を行えます。また写真に追加した位置情報は、あとから削除することも可能です（P.144参照）。

1 P.133を参照し「シェア」画面を表示する

2 ［位置情報を追加］をタップ

3 キーワードを入力する

4 該当する場所をタップ

上記のほか、表示された現在地の候補をタップしてもよい

写真に位置情報が追加される

5 ［シェア］をタップして、写真を投稿する

タイムラインの投稿写真に位置情報が表示される

位置情報をタップすると該当場所の地図と、その場所で撮影された他のユーザーの写真が一覧で表示される

> 位置情報を追加した写真は、「プロフィール」画面で◯をタップして確認できます（P.144参照）。

CHAPTER 2
078

Instagram タイムライン

ハッシュタグを付けて投稿する

Instagramでは、「#」から始まる「ハッシュタグ」(P.145参照) をキャプションに入れた投稿を見かけます。被写体の名前や撮影場所などのキーワードを付けることで、交流の輪をさらに広げられます。ハッシュタグには好きな言葉を使えます。

ハッシュタグを付けて投稿する

ハッシュタグは、Instagramで写真を探すのに役立ちます。写真に付加して投稿すると、同じハッシュタグを付けた他の人の写真も見られるようになります。プロフィールなどから互いをフォローすれば、タイムライン上で交流を開始できます。

① P.133を参照して「シェア」画面を表示する

② キャプションの入力欄をタップ

③ キャプションを入力後、「#」のあとにハッシュタグを入力する

④ ［OK］→［シェア］（Androidでは ✓）をタップ

キャプションを入力せずに、ハッシュタグだけを入力してもよい

⑤ 投稿後に写真内のハッシュタグをタップ

同じハッシュタグが付加された写真が表示される

写真をタップすると他のユーザーのプロフィールを閲覧できる

ハッシュタグとは、いわば写真を見つけやすくするためのキーワードのようなものです。

CHAPTER 2 079

Instagram タイムライン

投稿した写真を削除する／編集する

一度投稿した写真が気に入らなかったときは、削除するのもよいでしょう。また、投稿後にキャプションを修正したり、友達のタグや位置情報などを追加したくなったときは、タイムラインの写真を編集しましょう。

写真を削除／編集する

●写真を削除する

1 タイムラインで削除したい写真の □ （Androidでは □ ）をタップ

2 ［削除］→［削除］をタップすると、写真が削除される

一度削除した写真は元に戻せないので、確認しよう

●写真を編集する

1 左の手順**2**の画面で［編集］をタップ

2 友達をタグ付けしたり、ハッシュタグを追加して、写真を編集する

3 ［完了］（Androidでは ✓ ）をタップすると、変更が反映される

フィルタやツールの機能で、色調などを変更することはできない

他のユーザーが投稿した写真は、削除したり編集することはできません。

CHAPTER 2 080

Instagram タイムライン

投稿に「いいね！」を付ける

タイムラインに表示される写真が素敵だなと感じたら、「いいね！」を付けてみましょう。ハートマークをタップするだけで、簡単に相手に気持ちを伝えることができます。人気のある投稿には、多数の「いいね！」が付くこともあります。

投稿に「いいね！」を付ける

1 タイムラインを上下にスワイプして、投稿された写真を表示する

2 ♡をタップする

♥に表示が切り替わり、自分のユーザー名が表示される

3 ♥を再びタップすると、「いいね」を取り消せる

COLUMN 「いいね」の各種情報を確認する

「いいね」は同じ写真に、複数の人が付けられます。ほかの人のユーザー名をタップすると、相手のプロフィールと投稿写真を閲覧できます。また、 をタップし、[あなた]をタップすると、他のユーザーから「いいね」された写真を確認できます。画面右側の写真のアイコンをタップすると、詳細を確認できます。

💡 写真下部の をタップすると、フォロー中の人に直接その写真を転送できます。

CHAPTER 2
081

Instagram タイムライン

投稿にコメントを付ける

タイムラインの投稿には、コメントを付けることができます。コメントの内容は、感想や質問など、なんでも構いません。なお、Instagramでは長文はあまり使われない傾向にあるので、簡潔な文章にしたほうがよいでしょう。

投稿にコメントを付ける

1 タイムラインを上下にスワイプして、写真を表示する

2 ◯をタップ

「コメント」画面が表示される

3 コメントの内容を入力

4 [送信]（Androidでは▶）をタップ

5 [←]をタップしてタイムラインに戻る

写真にコメントが付いているのを確認できる

HINT コメントを削除する

手順**3**の「コメント」画面で任意のコメントを左方向にスワイプし、[削除]をタップすると、コメントを削除できます。Androidの場合はコメントをタップして、🗑をタップしましょう。

自分の写真へのコメントは「アクティビティ」画面で確認できます。相手への返信も可能です。

CHAPTER 2 082

Instagram タイムライン

友達や自分の近況を確認する

投稿した写真への友だちからのリアクションは、「アクティビティ」画面でまとめて確認できます。「アクティビティ」画面では他のユーザーのフォロー状況もわかるため、友だちの近況を簡単に確認したいときなどにも役立ちます。

友達や自分の近況を確認する

1 画面下部の◎をタップ

「アクティビティ」画面が表示されフォロー中のユーザーが、ほかにどんな人をフォローしたかなどを確認できる

2 ［あなた］をタップ

自分の写真への、友だちからのリアクションを確認できる

HINT 「いいね！」やコメントが付いたら

あなたの投稿に「いいね！」やコメントが付いたり、フォローされると、画面下部に通知が表示されます。確認して、フォローを返すなどしましょう。

「アクティビティ」画面で通知をタップすると、相手の過去の投稿などを確認できます。

CHAPTER 2 083

Instagram タイムライン

過去に投稿した自分の写真を確認する

フォローするユーザーが増えてくると、タイムラインにたくさんの投稿が表示され、自分の過去の投稿を探し出すのが難しくなります。しかしプロフィール画面では過去に投稿した写真を一覧で確認でき、コメントの返信や編集も簡単に行えます。

過去の投稿を確認する

1 画面右下のプロフィール写真をタップ

2 ▦をタップ

過去に投稿した写真がタイル上に表示される

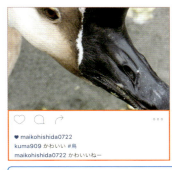

写真のサムネイルをタップすると、「いいね」やコメントの詳細が表示され、相手に返信できる

HINT 過去の投稿写真を編集する

プロフィール画面で写真のサムネイルをタップし、⋯（Androidでは⋮）をタップして［編集］をタップすると、タグ付けなどを行えます。

▤をタップすると、過去の投稿写真をタイムラインのように一列で確認できます。

143

CHAPTER 2 084
Instagram タイムライン
タグや位置情報を確認する

位置情報を付けて投稿した写真は、あとからプロフィール画面で地図上から確認できます。旅行やイベントなどの思い出を振り返りたいときなどに便利です。このほか、自分がタグ付けされた写真もまとめて見ることが可能です。

タグや位置情報付きの写真を確認する

1 P.126を参照して、プロフィール画面を表示する

2 ◎をタップする

位置情報を付けた写真が地図上で表示される

3 写真のサムネイルをタップ

その場所で撮影された写真が一覧で表示される

4 写真のサムネイルをタップすると、個別に編集できる

5 ［編集］をタップし、写真を選択すると、位置情報を削除できる

HINT 自分がタグ付けされた写真を表示する

手順**2**の画面で をタップすると、自分がタグ付けされた写真を一覧で確認することができます。

Androidで位置情報を削除したい場合は、右上の → ［編集］をタップしましょう。

Instagram タイムライン

ハッシュタグを楽しむ

Instagramを楽しむときに欠かせないのがハッシュタグ（P.138参照）の活用です。ハッシュタグを使って検索してみたり、類似のハッシュタグをたどっていろいろな写真を見てみましょう。好みの写真やユーザーを見つけることができます。

ハッシュタグを楽しむ

●同じハッシュタグの写真を確認する

1 P.138を参照してハッシュタグを付けた写真を投稿する

2 写真内のハッシュタグをタップ

同じハッシュタグが付いている、人気の写真が投稿順に表示される

3 写真をタップすると、そのユーザーのプロフィールを確認できる

●ハッシュタグを検索する

1 # をタップして、検索画面を表示する

2 画面上部の入力欄にハッシュタグを入力

3 # をタップすると、該当するハッシュタグが表示される

4 タップすると写真の一覧が表示される

 よく使われるハッシュタグ

ハッシュタグは複数付けるのが主流で、さまざまなキーワードを使用できます。たとえば固有名詞だけでなく、「＃おはよう」とか「＃寒い」などのほか、長い文章もハッシュタグとして使えます。また、単語の最後に「〜stagram」と付けるのも一般的です。（例：dogstagram、runstagramなど）。誰もが検索して楽しめるハッシュタグは、場所や季節のイベント（halloweenなど）です。このほか自分が参加したコンサートなどのイベント名で検索してみるのもよいでしょう。

人気のハッシュタグは、「Top HashTags on Instagram」などのサービスで調べられます。

CHAPTER 2 086

Instagram 関連アプリ

Instagramの関連アプリを利用する

Instagramにもさまざまな関連アプリがリリースされており、活用すると複数の写真をコラージュのように組み合せて投稿したり、フォロワーをより簡単に管理したりできます。操作に慣れてきたら、ぜひこうしたアプリも活用しましょう。

●複数の写真を組合せて投稿する

「Layout from Instagram」は、複数の写真をコラージュ状に組み合せられるアプリです。「ミラー」や「回転」などの編集機能も用意されています。

Layout from Instagram
開発者：Instagram,Inc.a
価　格：無料

●複数の写真を組合せて投稿する

Instagramのフォローしたユーザーと、フォロワーの管理に特化したアプリです。フォローを返していないユーザーなどがすぐにわかり、120円の有料版では自分の写真に多く「いいね」を付けた人なども調べられます。

インスタグラム用フォロワー+フォロー管理ツール
開発者：Tappple　価　格：無料

●サードパーティーアプリを使う

「Grab for Instagram」はInstagramのサードパーティーアプリです。機能はInstagramとほぼ同じですが、タイムラインの写真をタイル状に並び替えたり、画面右上の≡から各種画面を切り替えられます。

Grab for Instagram
開発者：GrandSoft Ltd.
価　格：無料

 関連アプリにはそのほか「BOOMERANG」があります。短いループ動画を作成できます。

146

CHAPTER 2

Instagram 設定／セキュリティ

087 各種通知のオン／オフを切り替える

初期状態のInstagramはアプリを起動していなくても、スマートフォンに各種お知らせが届くように設定されています。通知が多すぎると感じたときは、プロフィール画面から通知される項目を減らしましょう。

各種通知のオン／オフを切り替える

1 P.128を参照して、「オプション」画面を表示する

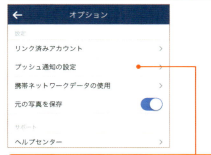

2 ［プッシュ通知の設定］（Androidでは［プッシュ通知］）をタップ

「通知」画面が表示される

3 各項目ごとに通知の設定を行う

4 設定が完了したら ← をタップ

HINT 設定できる通知項目

Instagramの「通知」画面で設定できる項目は次の通りです。

名称	説明
いいね！	自分の投稿に「いいね！」が付いたときに通知されます
コメント	自分の投稿にコメントが付いたときに通知されます
新しいフォロワー	新しくフォローされたときに通知されます
承認されたフォローリクエスト	フォローが承認されたときに通知されます
INSTAGRAMの友達	連携しているSNSなどで新しくInstagramの友達が見つかったときに通知されます

名称	説明
INSTAGRAMダイレクトリクエスト	あなたにダイレクトに写真を送ろうとしている人がいるときに通知されます
INSTAGRAMダイレクト	あなた宛てにダイレクトで写真が届いたときに通知されます
あなたが写っている写真	あなたが写真にタグ付けされたときに通知されます
リマインダ	お知らせが未読のときに通知されます
製品発表	INSTAGRAMの関連アプリなどのお知らせが通知されます

(!) オプション画面の「携帯ネットワークデータの使用」ではデータ使用量の軽減を設定できます。

CHAPTER 2
088

Instagram ユーザー関連

フォロー中のユーザーとフォロワーを確認する

今までにフォローしたユーザーと、あなたのことをフォローしたユーザー（フォロワー）の一覧を確認してみましょう。フォロワーの中でまだあなたがフォローしていない人がいれば、フォローを返してあげるとよいでしょう。

フォローしたユーザーとフォロワーを確認する

1 画面右下のプロフィール写真をタップし、「プロフィール」画面を表示する

2 ［フォロー中］をタップ

あなたがフォローしているユーザーの一覧が表示される

ユーザー名をタップすると、相手の投稿写真を一覧で確認できる

3 手順**2**の画面で［フォロワー］をタップすると、自分をフォローしたユーザーが一覧で表示される

4 タップすると相手のプロフィールを確認できる

5 ［フォローする］をタップするとフォローを返せる

HINT アクティビティログを確認する

画面右下の■をタップすると、フォローしたユーザーの動向を確認できます。また画面上部の［あなた］をタップすると、自分がフォローされた相手や時刻などを確認でき、■をタップしてフォローを返せます。

自分がフォローされたら通知が届くように、設定を変更することも可能です（P.147参照）。

CHAPTER 2
089

Instagram　ユーザー関連

フォローを解除／ブロックする

フォローしたユーザーの投稿が趣味に合わないときは、フォローを解除しましょう。また、不愉快だと感じたときはブロックも可能です。ブロックしたユーザーはあなたをフォローできなくなり、投稿の閲覧やリアクションもできなくなります。

ユーザーを編集する

●フォローを解除する

1 P.148を参照して、フォローしたユーザーの一覧を表示する

2 フォローを解除したいユーザーの［フォロー中］をタップ

3 ［フォローをやめる］をタップ

フォローが解除され、［フォローする］に表示が変わる。以後、相手が写真を投稿しても、自分のタイムラインには表示されなくなる

●ユーザーをブロックする

1 P.148を参照して、友だちのプロフィール画面を表示する

2 ･･･（Androidでは ⋮）をタップ

各種メニューが表示される

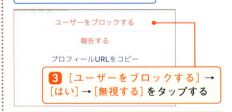

3 ［ユーザーをブロックする］→［はい］→［無視する］をタップする

Androidでは［ブロックする］→［はい］をタップすると、ユーザーがブロックされる

 ブロックを解除する

･･･（Androidでは ⋮）をタップして各種メニューを表示し、［ブロックを解除する］をタップすると、ブロックを解除できます。

フォローを解除したりブロックしても、相手にはそのことは通知されません。

149

CHAPTER 2
090

Instagram 設定／セキュリティ

アカウントを非公開にする

投稿を不特定多数の人に見られたくない場合は、アカウントを非公開に設定しましょう。あなたが投稿した写真や動画は、フォローを承認した人以外は見られなくなります。信頼できると判断した場合は、フォローリクエストを承認しましょう。

アカウントを非公開にする

① P.128を参照して、プロフィール画面を表示する

② 画面右上の ⚙ （Androidでは ⋮ ）をタップ

「オプション」画面が表示される

③ 「非公開アカウント」の ◯ をタップ

Instagramのアカウントが非公開になる

P.130を参照してメールアドレスなどで検索しても、相手には下記のように表示される

相手が［フォローする］をタップするとフォローリクエストが送られるので、「アクティビティログ」から確認する

> アカウントを非公開にしても、プロフィール写真だけはすべてのユーザーに公開されます。

送られてきたフォローリクエストを確認する

フォローリクエストが送られてくると、画面下部に通知が届く

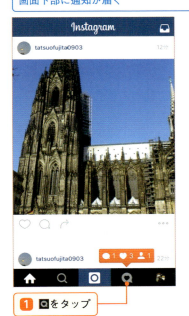

1 ◉をタップ

「アクティビティ」画面が表示される

2 [あなた]をタップ

3 ユーザーからのフォローリクエストをタップ

4 承認する場合は☑、拒否する場合は☒をタップ

> **COLUMN** 非ユーザーにInstagramの写真を送る
>
> Instagramは、個々の投稿ごとにURLが設定されており、非ユーザーでもURLがわかれば該当の投稿を「Safari」や「Chrome」から閲覧できます。タイムラインで各投稿の⋯（Androidでは⋮）をタップして「URLをコピー」をタップしたあと、メールなどにペーストして相手に送信しましょう。

コピーしたURLは、FacebookやLINEなどで共有することも可能です（第5章参照）。

CHAPTER 2 091

Instagram アカウント

アドレスを変更したり電話番号を追加する

アカウントを取得したときに登録したメールアドレスは、あとから変更することが可能です。また、アドレスの他に電話番号も登録できます。電話番号はユーザー検索に利用できるため、登録すれば友だちにより見つけてもらいやすくなります。

非公開情報を編集する

Instagramではメールアドレスとパスワードを使ってログインしますが、これらの情報が漏れたら不正にアクセスされるなどの危険性が高まります。セキュリティ対策の一環として、メールアドレスは定期的に変更するとよいでしょう。

●メールアドレスを変更する

1 画面右下のプロフィール写真をタップし、「プロフィール」画面を表示する

2 「プロフィールを編集」をタップ

3 メールアドレスをタップ

4 古いメールアドレスをタップして削除し、新しいメールアドレスを入力

5 ［完了］（Androidでは☑）をタップ

6 Instagramから通知が届くので、［OK］をタップする

💡 メールアドレスは他のユーザーを検索するときにも使用されます（P.130参照）。

「メール」アプリを起動し、Instagramから届いたメールを確認する

7 ［メールアドレスを認証してください］をタップ

8 P.124を参照してユーザー名とパスワードを入力

9 ［ログイン］をタップ

新しいメールアドレスが設定される

●電話番号を追加する

1 前ページを参照して、プロフィールの編集画面を表示する

2 電話番号を入力する

3 ［次へ］（Androidでは→）をタップ

4 認証コードが送信されるので、「SMS」アプリで確認する

5 確認した認証コードを入力する

6 ［完了］（Androidでは→）をタップ

電話番号の情報がプロフィールに追加される

プロフィールの電話番号も、メールアドレスの場合とほぼ同じ操作で変更できます。

153

Instagram 設定／セキュリティ

CHAPTER 2
092 パスワードを変更する

セキュリティ対策の一環として、パスワードもときどき変更するとよいでしょう。また、万一パスワードを忘れてしまったら、パスワードをリセットし、新しいパスワードを再設定できます。その際にはメールなどでの本人認証が必要です。

パスワードを変更する

1 P.128を参照して、プロフィール画面を表示する

2 画面右上の ⚙ （Androidでは ⋮ ）をタップ

3 ［パスワードを変更］をタップ

4 古いパスワードと、新しいパスワードを2回入力

5 ［完了］（Androidでは ✓ ）をタップして設定を完了させる

HINT　1PasswordでInstagramのパスワードを管理する

LINEなどのほかのSNSとInstagramを利用している場合は、「1Password」などでパスワードをまとめて管理しておくと、すぐに参照できて便利です（P.109参照）。

ユーザー名やメールアドレス、プロフィール写真の変更はP.126,P.152を参照しましょう。

パスワードを忘れたら？

新しい端末でInstagramを起動したり、新しくアカウントを追加したりする場合は（P.156参照）、ログインが必要です。もしパスワードを忘れた場合は、リセット用のメールを受け取ったあと、新しいパスワードを再設定しましょう。

新しい端末のホーム画面などから、Instagramを起動する

1 ［登録のヘルプ］をタップ

「サインインヘルプ」画面が表示される

2 ［ユーザーネームまたはメールアドレス］をタップ

3 ［パスワードリセットメールを送信］をタップ

4 「メール」アプリを起動し、Instagramからのメールを確認して開く

こんにちは、@kuma909さん
Instagramパスワードのリセットはリクエストされました。

［パスワードをリセット］

5 ［パスワードをリセット］をタップ

6 ［Instagramで開く］→［開く］をタップ

新しいメールアドレスを2回入力して、［パスワードをリセット］をタップしてもよい

7 新しいパスワードを2回入力

8 ［リセット］をタップ

9 再びログイン画面に戻り、新しいパスワードを入力してログインを完了させる

⚠ 手順**2**で「Facebookからリセット」をタップすると、メール認証などは必要ありません。

CHAPTER 2 093

Instagram 連携技

Instagramのアカウントを追加したり切り替える

Instagramは複数のアカウントを追加して、自在に切り替えることができます。アカウントを切り替えるとタイムラインの表示や過去の投稿内容も変わるため、それぞれのアカウントでテーマなどを決めて、写真を投稿するとよいでしょう。

Instagramで複数のアカウントを利用する

●アカウントを追加する

1 P.128を参照し、「オプション」画面を表示する

2 ［アカウント追加］をタップ

Instagramのログイン画面が表示される

3 メールアドレスとパスワードを入力

4 ［ログイン］をタップするとアカウントが追加される

●アカウントを切り替える

左の手順**4**のあと、プロフィール画面からアカウントを切り替えられるようになる

1 画面上部のアカウント名をタップ

2 切り替えたいアカウントをタップ

アカウントが切り替わる

Instagramのアカウントは、最大5つまで登録することが可能です。

Instagram タイムライン

CHAPTER 2 094 Instagramから ログアウトする

Instagramで複数のアカウントを使うため、利用中とは別のアカウントを新規作成する場合は、いちどログアウトする必要があります。またいちどリンクしたSNSとの連携を解除したい場合は、「オプション」画面から操作を行いましょう。

Instagramからログアウトする

1 P.128を参照して「オプション」画面を表示する

2 「ログアウト」をタップ

複数のアカウントを利用している場合は、[○○からログアウト]か[すべてのアカウントかログアウト]をタップする

3 「ログアウト」をタップすると、Instagramからのログアウトが完了する

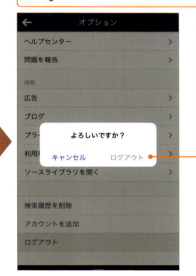

HINT 他のSNSとの連携を確認・解除する

Instagramでは、他のSNSと連携して、同時投稿などを行えます。パスワードがわからなくなったときにログインを助ける手段としても使えます。「オプション」画面を表示し、[リンク済みアカウント]をタップしたあと、各SNSの項目をタップし連携されている確認するか、[リンクを解除]をタップして連携を解除しましょう。

TwitterやFacebookとの同時投稿の方法については、P.304を参照しましょう。

157

CHAPTER 2 095

Instagram 設定／セキュリティ

Instagramのアカウントを削除する

何らかの理由により、Instagramをもう利用しないという場合は、アカウントを削除しましょう。いったん利用を停止したいという場合は、**一時停止**すると、あとからログインしたときに再びそのアカウントを利用することができます。

Instagramのアカウントを削除する

1 P.128を参照し「オプション」画面を表示する

2 ［ヘルプセンター］をタップ

3 「アカウント削除」と入力して検索

4 ［自分のアカウントを削除するにはどうすればよいですか］をタップ

アカウント削除に関するヒントが表示される

5 ［［アカウントを削除］ページ］をタップ

アカウントを一時的に停止する場合は「一時的に停止」をタップする

「アカウント削除」画面が表示される

6 アカウントを削除する理由を選ぶ

7 パスワードを入力

8 ［アカウントを完全に削除］をタップ

158　アカウントを停止した直後は再ログインできませんが、しばらく時間が経つとログインできます。

CHAPTER 3
Twitterを使いこなす

CHAPTER 3

Twitter 概要

Twitterって何？

「Twitter」（ツイッター）は、140文字以内で近況を発信できるSNSです。日本では2008年にサービスが開始され、誰でも気軽にツイート（つぶやき）を投稿できる点などから、いまだに根強い人気を集めています。まずはTwitterの概要を紹介します。

●多くの人たちと簡単に交流できる

Twitterでは「タイムライン」と呼ばれる画面に短文（ツイート）を投稿して、リアルタイムで情報を細かく発信できるのが特長です。情報の収集と拡散には「フォロー」と「フォロワー」が不可欠で、これらの仕組みは次ページで解説します。

iPhoneの場合

Androidの場合

❶おすすめユーザー	Twitterがおすすめするユーザーが表示されます。
❷検索	人気の話題や友だちを検索できます。
❸投稿	ツイートや写真などを投稿できます。
❹ホーム	タイムラインが表示されます。
❺通知	メッセージなどの各種通知を知らせてくれます。
❻ニュース	注目を集めているニュースを閲覧できます。
❼メッセージ	友だちとダイレクトメッセージをやりとりできます。
❽アカウント	自分のアカウント情報を確認・変更できます。

タイムラインに自分の近況や気持ちなどを投稿することを、「ツイートする」といいます。

Twitter 概要

Twitterで どんなことができるの？

Twitterで欠かせないのが、「フォロー」と「フォロワー」です。これらの機能でつながる人が増えるほど、自分が受信・発信できる情報の範囲が広がります。自分が見つけた面白い投稿をリツイートして、より多くの人に拡散することも可能です。

●フォローとフォロワーの関係

Twitterでは「フォロー」という操作を行うと、タイムラインにその相手の投稿が表示されます。投稿内容は自分のタイムラインと、自分をフォローしてくれた「フォロワー」のタイムラインに表示され、リツイートされることで、さまざまな人に自分の投稿内容が拡散されます。

App StoreやPlayストアでは、Twitterのさまざまな関連アプリも入手することができます。

CHAPTER 3 098 Twitter アカウント

アカウントを作成する

Twitterを利用するために、まずはアカウントを作成しましょう。電話番号を利用するのが嫌な場合は、メールアドレスでも代用できます。アカウント作成後にはトピックの選択画面などが表示されますが、ここではひとまずスキップしましょう。

アカウントを作成する

ホーム画面で「Twitter」アプリを起動する

1 [Twitter]をタップ

Twitterが起動し、アカウントの登録画面が表示される

2 [新規登録]をタップ

呼び名を入力（ニックネームも可）

3 Twitterでの呼び名を入力

4 [次へ]をタップ

電話番号を入力　5 電話番号を入力

6 [次へ]をタップ

HINT メールアドレスを利用する

手順5で電話番号を利用するのに抵抗がある場合は、画面下部にある［かわりにメールアドレスを使用する］をタップし、メールアドレスを入力して［次へ］をタップします。

タイムラインへの投稿時には、次ページ手順12で入力したユーザー名が表示されます。

SMS送信の通知が表示されるので［OK］をタップし、「SMS」アプリで認証コードを確認する

7 認証コードを入力

8 ログイン時に利用するパスワードを入力

9 ［次へ］をタップ

10 メールアドレスを入力

11 ［次へ］をタップ

12 ユーザー名を入力

13 ［次へ］をタップ

> **HINT メールアドレスを登録した場合は？**
>
> 前のページでメールアドレスを登録した場合は、手順13で電話番号の入力画面が表示されます。［後で入力する］をタップし、スキップしてもかまいません。

Twitterアカウントの登録が完了する

14 （Androidの場合は連絡帳のチェックを外し）［はじめる］をタップする

次の画面で［スキップ］や［後で入力する］をタップして、初期設定を完了させる

メールアドレスを登録した場合は、初期設定後に「メール」アプリを開き、認証を完了させます。

CHAPTER 3
099

Twitter アカウント
プロフィール写真を設定する

Twitterのプロフィール写真を設定すると、タイムラインに投稿したツイートと一緒に表示されるようになります。ほかのユーザーとTwitterでつながりやすくするためにも、ぜひお気に入りの写真を設定しておきましょう。

プロフィール写真を設定する

1 をタップし、「アカウント」画面を表示する

2 プロフィールアイコンをタップ

Androidでは、 → アカウント名→アイコン画像をタップする

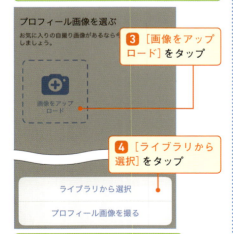

3 ［画像をアップロード］をタップ

4 ［ライブラリから選択］をタップ

Androidでは → ［フォルダから画像を選択］をタップする

5 写真の保存先をタップし、任意の写真を選択する

6 ドラッグして写真の位置や大きさを調節（Androidでは行えない）

7 ［選択］（Androidでは［保存］）をタップ

プロフィール写真が設定される

💡 手順**4**で［プロフィール画像を撮る］をタップすると、その場で撮影した写真を設定できます。

Twitter アカウント

プロフィール情報を登録する

初期設定がひと通り完了したら、次はプロフィール情報を登録しましょう。できるだけ細かく入力することで、友達や同じ趣味を持つ人などが自分をフォローしやすくなります。ユーザーの検索やフォロー方法は、P.166を参照しましょう。

ユーザー情報を設定する

1 をタップし、「アカウント」画面を表示する

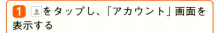

2 [プロフィール変更] をタップ

Androidでは、 → アカウント名 → [プロフィールを編集] をタップする

3 自己紹介や場所、URL、誕生日などを設定する

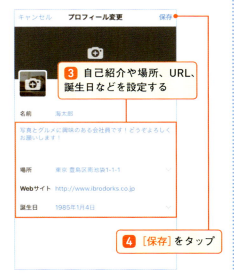

4 [保存] をタップ

プロフィールに自己紹介が登録される

HINT 誕生日の公開範囲を変更する

プロフィール情報のうち、誕生日だけは公開範囲を変更することができます。手順**3**の画面で[誕生日]をタップし、[月日]や[年]をタップしていずれかの公開範囲を選択しましょう。

> 「自己紹介」の内容は、全角160文字以内で自由に入力することができます。

CHAPTER 3
101
Twitter フォロー／フォロワー

知り合いを検索して フォローする

メールアドレスやスマートフォンの連絡帳を利用すれば、簡単に知り合いを検索してフォローすることができます。フォローが完了すると、自分のタイムラインに相手の最新のツイートがリアルタイムで表示されるようになります。

メールアドレスで知り合いを探す

1 （Androidでは ）をタップし、タイムラインを表示する

2 をタップ

検索結果が表示される

5 フォローしたいユーザーをタップ

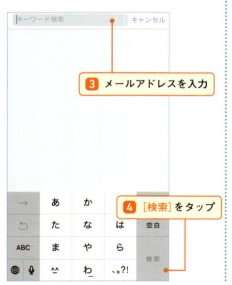

3 メールアドレスを入力

4 ［検索］をタップ

ユーザーのプロフィールとツイートが表示される

6 をタップすると、フォローが完了する

COLUMN フォローとフォロワー

相手のツイートを自分のタイムラインに表示する設定を、「フォローする」といいます。逆に自分をフォローした相手を「フォロワー」といいます。フォローされると自分のツイートが、相手のタイムラインにも表示されます。

相手がTwitterに電話番号を登録していれば、電話番号でユーザーを検索することも可能です。

iPhoneやスマホに登録済みの連絡先から知り合いを探す

知り合いが連絡帳に登録されていることを確認する

連絡帳の知り合いが表示される

4 フォローしたいユーザーをタップ

1 Twitterアプリで 🔔（Androidでは 🐦）をタップし、タイムラインを表示する

2 👤 をタップ

5 ［○人をフォロー］をタップ

知り合いのフォローが完了する

アイコンが 👤 に変わった

3 ［次へ］をタップ

Androidでは、 ⋮ →［おすすめユーザー］→［続ける］をタップする

HINT Twitterのおすすめユーザーをフォローする

手順**3**の画面を表示したとき、下部にTwitterのおすすめユーザーが表示されます。 👤 をタップすると、これらのユーザーもフォローできます。

> おすすめのユーザーは、自分のプロフィール内容などによって逐次変更されます。

167

CHAPTER 3
102

Twitter フォロー／フォロワー

人気のユーザーを
フォローする

大企業や芸能人、スポーツ選手や政治家などをフォローできるのも、Twitterの特長です。これらの著名団体や人は「人気のユーザー」から簡単にフォローできます。イベントや防災などの最新情報を入手したいときなどに、活用しましょう。

人気ユーザーをフォローする

1 ⚙（Androidでは ▼）をタップし、タイムラインを表示する

2 🔍 をタップ

Androidでは、⋮→［おすすめユーザー］をタップする

3 ［人気］をタップ

4 気になるカテゴリーをタップ

カテゴリー内のユーザーが一覧で表示される

5 気になるユーザーをタップ

ユーザーのプロフィールが表示される

6 ［フォローする］をタップし、フォローを完了させる

💡 フォローした著名人に、自分がフォローされることは稀です。情報収集の一環で活用しましょう。

CHAPTER 3
103

Twitter フォロー／フォロワー

フォローした相手、フォロワーを確認する

フォローした相手や、自分をフォローしてくれたフォロワーは、「アカウント」画面で確認できます。フォロワーの人たちにきちんとフォローを返しておくと、お互いのタイムラインでより交流を深められるようになります。

フォローした相手を確認する

1［アカウント］をタップ

Androidでは、⋮→アカウント名をタップする

「アカウント」画面が表示される

2［フォロー］をタップ

フォローした相手が一覧で表示される

HINT フォローを解除する

上記の画面で任意のユーザーを表示し、👤→［フォロー解除］をタップすると、フォローが解除され、その相手のツイートが自分のタイムラインに表示されなくなります。いったんフォローを解除しても、「アカウント」画面から再フォローすることが可能です。

⚠ 自分がフォローしている相手やフォロワーは、他のユーザーに公開されます。

169

フォロワーを確認する

[アカウント]をタップ

Androidでは、⋮→アカウント名をタップする

「アカウント」画面が表示される

[フォロワー]をタップ

フォロワーが一覧表示される

ユーザーをタップ

フォロワーのプロフィールとツイートが表示される

プロフィールを確認して、[フォローする]をタップしてフォローを返す

COLUMN　非公開アカウントにフォローされた場合は？

非公開アカウント（P.205参照）にフォローされた場合は、「フォロワー」画面のユーザー名の横に、鍵アイコンが表示されます。

COLUMN　相互フォロー

相互フォローとは、Twitterでお互いにフォローすることを意味します。お互いをフォローし合えば、タイムラインで自分と相手の投稿を見られるだけでなく、ダイレクトメッセージも利用可能になります（P.210参照）。

非公開アカウントには、[フォローする]をタップしてフォローリクエストを送信します。

CHAPTER 3
104

Twitter フォロー／フォロワー

ユーザーを
ミュート、ブロックする

Twitterのユーザーは自由に編集できます。相手のツイートは見たくないが、フォローを解除したくない場合はミュートしましょう。相手に自分のツイートを見られたくない、何も返信してほしくない場合はブロックし、フォローを拒否しましょう。

ユーザーをミュートする

1 P.170を参照し、ミュートしたいユーザーのプロフィールを表示する

2 ⚙ をタップ

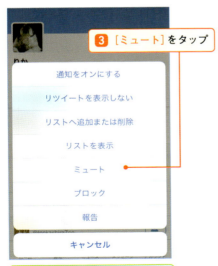

3 ［ミュート］をタップ

Androidでは、▤ →［ミュート］をタップする

4 ［はい］（Androidでは［はい、ミュートします。］）をタップ

ミュートしたユーザーのツイートがタイムラインに表示されなくなる

ミュート後に手順 **2** ～ **3** の操作で［ミュートを解除］をタップすると、設定が解除されます。

ユーザーをブロックする

1 P.170を参照し、ブロックしたいユーザーのプロフィールを表示する

2 ⚙ をタップ

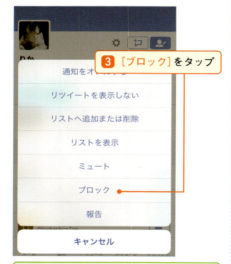

3 [ブロック]をタップ

Androidでは、■→[ブロック]をタップする

COLUMN 🏛 ブロックするとどうなる？

ブロックしても、相手に通知されることはありません。ブロックした相手のツイートは表示されなくなり、リプライやメッセージも届かなくなります。

4 [ブロック]をタップ

ユーザーがブロックされた

HINT ブロックを解除する

ブロックを解除したいユーザーのプロフィールを表示し、🚫→[ブロックを解除する]をタップすると、ブロックを解除できます。

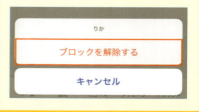

> タイムラインで任意の投稿をタップし、…をタップしてもミュートやブロックを行えます。

CHAPTER 3
105 リストを作成する

Twitter フォロー／フォロワー

タイムラインにはフォローしている全ユーザーのツイートが表示されますが、リストを作成すれば、特定のユーザーのツイートだけを閲覧できます「防災」「旅行」といったジャンルでリストを作成すれば、仕事と私生活の両面で役立ちます。

リストを作成する

1 をタップし、「アカウント」画面を表示する

2 をタップ

3 ［リストを表示］をタップ

Androidでは、→アカウント名→→［リストを表示］をタップする

「リスト」画面が表示される

4 をタップ

5 リスト名と説明を入力

6 ［保存］をタップ

作成したリストは自分のプロフィールとともに公開される

💡 リストを非公開にしたい場合は、「リスト」画面で「非公開」をオンに切り替えます。

173

ユーザーをリストに追加する

リストを作成したら、フォローしたユーザーやフォロワーを追加していきましょう。また、ほかのユーザーのプロフィール画面で、その人が作ったリスト自体をフォローすることもできます。複数の人をまとめてフォローしたいときなどに便利です。

1 リストに追加したいユーザーのプロフィール画面を表示する

2 をタップ

3 [リストへ追加または削除]をタップ

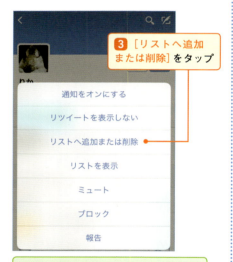

Androidでは、→[リストに追加]をタップする

4 追加したいリストをタップ

5 [完了]をタップして、リストに追加する

6 をタップし、「アカウント」画面を表示する

7 をタップ

8 [リストを表示]をタップ

Androidでは、→アカウント名→→[リストを表示]をタップする

9 リストをタップ

リストに追加したユーザーのツイートが表示される

HINT ほかのユーザーのリストをフォローする

ほかのユーザーのプロフィール画面を表示した際、（Androidでは）→[リストを表示]でリストを表示し、[リストを保存する]をタップすると、ほかのユーザーが作ったリストをフォローできます。

> リストに追加したユーザーは、[リストへ追加または削除]で自由に削除できます。

CHAPTER 3
106

Twitter フォロー／フォロワー

特定のユーザーの ツイートだけを確認する

Twitterのタイムラインは、自分がフォローしているすべてのユーザーのツイートが時系列順で表示されますが、特定のユーザー1人のツイートだけを閲覧することも可能です。「フォロー」画面を表示して、任意のユーザーを選択しましょう。

ユーザー1人の投稿を確認する

1 をタップして「アカウント」画面を表示する

2 ［フォロー］をタップ

Androidでは、 →アカウント名→［フォロー］をタップする

3 ユーザーをタップ

フォローしているユーザーのツイートが表示される

4 ツイートをタップ

ツイートの詳細が表示される

HINT ツイートを共有する

手順4でユーザーのタイムラインを表示した際、任意のツイートを長押しして［共有する］をタップすると、メールなどにツイート内容を添付して、第三者に送信できます。

タイムラインのユーザー名をタップしても、特定のユーザーのツイートを閲覧できます。

175

CHAPTER 3
107

Twitter フォロー／フォロワー

特定のユーザーが投稿した写真や動画を一覧で見る

特定のユーザー1人のタイムラインを表示したとき、写真や動画だけを見たい場合は、画面上部の［メディア］をタップしましょう。お気に入りの写真があれば、スマートフォンに保存したり、他の人と共有したりできます。

ユーザーの写真を確認する

1 をタップし、「アカウント」画面を表示する

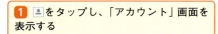

2 ［フォロー］をタップ

Androidでは、 →アカウント名→［フォロー］をタップする

3 ユーザーをタップ

4 ［メディア］をタップ

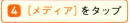

写真と動画が表示される

→〈共有する〉（Androidでは ）をタップすると、他のアプリで写真を共有できる

HINT ほかのユーザーの写真を保存する

ほかのユーザーのタイムラインで写真をタップしたあと、写真を長押しして［画像を保存］をタップすると、スマートフォンに保存されます。

Androidでは、写真の詳細を表示して →［保存］をタップすると、写真が表示されます。

Twitter タイムライン

CHAPTER 3

108 ツイートを投稿する

ユーザーのフォローなどを終えたら、タイムラインにツイートを投稿してみましょう。ツイートは、1回につき140文字以内で自由に投稿できます。このほか写真や動画を添付することも可能です（P.180を参照）。

ツイートを投稿する

1 （Androidでは🐦）をタップして、タイムラインを表示する

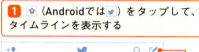

2 ✏️ をタップ

Androidでは、画面左下の✏️をタップする

「投稿」画面が表示される

3 ツイートを入力

4 ［ツイート］をタップ

残りの文字数が表示される

タイムラインに自分のツイートが投稿される

COLUMN 文字数をオーバーしたら？

ツイートの文字数は、全角・半角含め140文字以内の制限があります。文字数をオーバーすると、残りの文字数を表す数字が赤文字に切り替わり、数字の先頭に「−」が表示されます。

💡 「タイムライン」画面を下方向にスワイプすると、タイムラインの内容を更新できます。

177

CHAPTER 3
109
Twitter タイムライン
特定のユーザー宛に ツイートする

多くのユーザーと一度に情報を共有できるのがTwitterの魅力ですが、特定のユーザーだけにツイートを送ることも可能です。ダイレクトメッセージとは異なり、お互いをフォローする必要はありません。手軽に連絡を取りたいときに便利です。

特定のユーザーにツイートする

ツイートの冒頭に「@ ユーザー名」と入力すると、その相手に直接メッセージを送れます。これは「@ツイート」や「リプライ」と呼ばれます。リプライのやり取りをしている双方のフォロワー全員に表示されます。

1 ✏ をタップ

2 「@＋ユーザー名＋半角スペース」を入力

3 ツイート内容を入力

4 ［ツイート］をタップ

@をつけたユーザー宛にツイートが投稿される

相手は「通知」タブをタップして、リプライの内容を確認できる

COLUMN
メンションを投稿する

本文の最中に「@ ユーザー名」を挿入したツイートは「メンション」と呼ばれ、通常のツイートと同じように公開されます。「今日@○○○、@×××と食事した」のように投稿にユーザーを関連付けることができます。

上記のように特定のユーザーに対して送るツイートを、「@ツイート」といいます。

相手からのメッセージに返信する

相手からツイートの返信があると、画面下の［通知］タブにバッジが表示される

1 ［通知］→ ← をタップ

2 返信内容を入力

3 ［ツイート］をタップ

返信ツイートが送信される

何度かやり取りすると、タイムラインに最初と最新の＠ツイートが表示される

4 ［さらに○件の返信］をタップ

やり取りしたツイートの一覧が表示される

COLUMN ［通知］タブの機能

［通知］タブには、ツイートの返信内容のほか、フォローされたり、自分のツイートが「いいね」や「お気に入り」登録されたことなどが表示されます。適宜確認して、フォローを返したり、返信を送るとよいでしょう。

タイムラインのほか、プロフィール画面の右上からもツイートを送信することができます。

CHAPTER 3
110

Twitter タイムライン

写真や動画を投稿する

Twitterでは、スマートフォンに保存した写真や動画も、ツイートに添付して投稿することができます。お気に入りの写真などがあったら、ぜひ添付してフォロワーと共有しましょう。

写真を添付する

1 をタップして「ツイート投稿」画面を表示する

2 をタップ

3 投稿したい写真をタップ

4 ツイート内容を入力

5 ［ツイート］をタップ

写真が添付されたツイートが投稿される

HINT 保存先のアルバムを変更する

画面上部の［すべての画像］をタップすると、保存先のアルバムを選択できます。Androidでは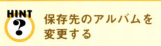をタップし、アプリを選択します。

HINT GIF画像を添付する

iPhone版のTwitterでは、投稿画面の下部で［GIF］をタップすると、「パチパチ」や「あらら」といった項目にちなんだ画像を添付することができます。

写真は5MB、動画は512MBまたは20秒を超えるサイズのものは投稿することができません。

動画を送信する

1 ✎をタップして、ツイートの投稿画面を表示する

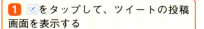

2 📷をタップ

3 前ページを参照して保存先のアルバムと、投稿したい動画をタップ

4 左右のツマミをドラッグして、動画が20秒以内に収まるように編集する

5 ［完了］または［切り取り］をタップ

6 ツイート内容を入力

7 ［ツイート］をタップ

ツイートに動画が添付されて投稿される

HINT 位置情報を添付する

ツイートの投稿画面でをタップし、場所を検索・タップすると、ツイートした現在地の位置情報を添付して投稿できます。

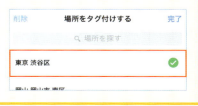

💡 20秒以内の動画ならトリミングの必要なく、タイムラインにそのまま投稿できます。

181

CHAPTER 3
111

Twitter タイムライン

その場で写真や動画を撮影してツイートする

その場で撮影した写真や動画も、ツイートに添付して投稿することができます。旅行やパーティーなどのイベントで撮影した写真や動画を投稿すれば、臨場感をダイレクトに伝えられて、フォロワーとより盛り上がることができるでしょう。

写真や動画を投稿する

●写真を撮影する

1 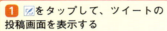をタップして、ツイートの投稿画面を表示する

2 ◎をタップ

スマートフォンに保存されている写真や動画が一覧で表示される

3 ◎をタップ

スマートフォンのカメラが起動する

4 ◎をタップして撮影

5 ［✓］をタップすると、写真がツイートに添付される

> **HINT** フラッシュを利用したり、カメラを切り替える
>
> 手順4の画面で⚡や◎をタップすると、フラッシュを焚いたり、前面と背面のカメラを切り替えたりできます。

手順5の画面で◯をタップすると、写真を再撮影することができます。

●写真付きでツイートする

左の手順を参照して、撮影した写真や動画をツイートに添付する

1 ツイート内容を入力
2 ［ツイート］をタップ

ツイートと共に、撮影された写真や動画がタイムラインに投稿される

●動画付きでツイートする

ツイートの投稿画面で ◉ をタップする

1 ◉ をタップ

スマートフォンのカメラが起動する

2 ◉ を長押しして撮影

3 ［完了］をタップすると、動画がツイートに添付される

COLUMN 写真や動画を削除、編集する

ツイートに添付した写真や動画は、サムネイルの ✕ をタップすると削除、手順1で ✎ をタップすると編集することができます。

HINT 動画撮影時のポイント

動画を撮影するときは、20秒以内に収まるようにしましょう。また ◉ を長押しして離す動作を何回か繰り返すと、20秒の間で、シーンを切り替えて動画を撮影することができます。

(!) ツイートに添付した動画は、タイムライン上のサムネイルの ▶ をタップすると再生できます。

183

Twitter タイムライン

CHAPTER 3
112 同じ話題のツイートをする

「ハッシュタグ」は、特定の話題のツイートを探すための機能です。ハッシュタグを付けてツイートすると、そのハッシュタグでツイート同士がひも付いて、同じ話題のツイートであることがわかるようになります。

ハッシュタグを付けてツイートする

1 ✏️ をタップ

ツイートの投稿画面が表示される

2 ツイート内容を入力

3 ツイート内容のあとに、「半角スペース＋＃＋キーワード」を入力

4 ［ツイート］をタップ

ハッシュタグ付きのツイートが投稿される

青い文字のハッシュタグをタップすると、同じハッシュタグの付いたツイートが一覧で表示される

💡 ハッシュタグは複数付けることもできます。

同じ話題のツイートを確認する

1 🏠（Androidでは 🐦）をタップして、タイムラインを表示する

2 🔍 をタップ

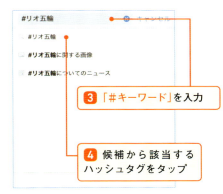

3 「#キーワード」を入力

4 候補から該当するハッシュタグをタップ

入力したハッシュタグを付けられた、今人気のツイートが一覧で表示される

[すべてのツイート]をタップすると、同じハッシュタグが付けられたすべてのツイートを確認できる

> **COLUMN** 話題のハッシュタグを探す
>
> 話題のハッシュタグを探すなら、「ハッシュタグクラウド（http://hashtagcloud.net/）」などのサイトを利用するといいでしょう。
>
>

> **COLUMN** ハッシュタグに使える文字
>
> ハッシュタグは、日本語とアルファベットを使用できます。ただし、記号・句読点・スペースは利用できないので注意しましょう。

💡 ハッシュタグはツイートのどこに追記しても構いません。一般的には一番後ろに追記します。

CHAPTER 3
113

Twitter タイムライン

ツイートに返信する

気になるツイートを見つけたら、特定のユーザーに返信できる「リプライ」機能を活用して交流してみましょう。リプライしたツイートも、内容が自分のタイムラインに表示されます。

リプライを送る

相手のツイートにコメントを送ることを、「リプライを送る」といいます。どんな相手にも送れるため、気になる相手に自分をフォローしてほしいときなどに役立ちます。ただししつこく迫ると逆効果になるので、礼節はきちんと守りましょう。

1 タイムラインで、気になるツイートをタップする

2 ↩ をタップ

タイムライン上から直接 ↩ をタップしてもよい

自動的に「@ユーザー名」が入力される

3 返信内容を入力

4 ［ツイート］をタップ

リプライが送信される

リプライの内容は、自分のタイムラインと、送信相手には「通知」タブに表示されます。

Twitter　タイムライン

CHAPTER 3
114
ツイートを削除する

タイムラインに投稿したツイートは、あとから削除することが可能です。投稿したあとで誤字・脱字などを見つけたときや、投稿したけれど内容的に控えたほうがよいと感じたときなどに利用しましょう。

自分のタイムラインからツイートを削除する

1 ■（Androidでは■）をタップし、タイムラインを表示する

2 削除したいツイートを長押し

3 ［ツイートを削除］（Androidでは［削除］）をタップ

4 ［削除］（Androidでは［はい］）をタップすると、ツイートが削除される

COLUMN
フォロワーのタイムラインではどう表示される？

ツイートを削除すると、フォロワーのタイムラインからもそのツイートが削除されます。ただし、フォロワーに引用リツイートされた場合は、削除されずに引き続き表示されます。

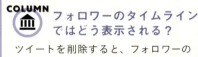

「＠＋自分のユーザー名」で検索すると、自分宛てのリプライを検索することができます。

187

CHAPTER 3 115

Twitter タイムライン

相手と1対1で やり取りする

特定のフォロワーにメッセージを送りたいなら、「ダイレクトメッセージ（DM）」機能を活用するといいでしょう。リプライや@ツイートとは異なり、メッセージ内容はタイムラインには表示されないので、プライベートな話題をするのに最適です。

ダイレクトメッセージを送信する

Twitterには、タイムラインとは別に「メッセージ」画面が用意されています。この画面でユーザーを選択すると、チャット形式でメッセージをやり取りできます。1対1での通信に便利ですが、使用にはお互いをフォローしている必要があります。

1 タイムライン下部（Androidでは上部）の［メッセージ］をタップ

2 ⤴をタップ

3 フォロワーを検索

4 やり取りしたいフォロワーをタップ

フォロワー名の右にチェックが付く

5 ［次へ］をタップ

> 手順5の画面で複数のフォロワーをタップすると、グループでメッセージをやりとりできます。

6 メッセージを入力

7 [送信]をタップ

ダイレクトメッセージが送信される

相手からダイレクトメッセージが届くと、「メッセージ」タブに通知が表示される

8 [メッセージ]→相手のユーザー名をタップ

相手からのメッセージが表示される

9 返信内容を入力

10 [送信]をタップ

HINT あとからユーザーを追加する

「メッセージ」画面で … をタップし、[ユーザーを追加]をタップすると、やり取りする相手を追加することができます。

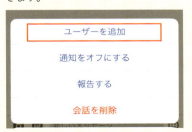

HINT メッセージに写真や動画を添付する

「メッセージ」画面で 📷 をタップし、写真や動画を選択すると、ダイレクトメッセージに写真や動画を添付できます。

相手のメッセージを長押ししてコピーし、別の相手に送信することも可能です。

CHAPTER 3
116

Twitter タイムライン

リツイート・引用リツイートを行う

ほかのユーザーのツイートを自分のタイムラインに転載することを、「リツイート（RT）」といいます。面白いツイートや気になるツイートを見つけたら、リツイートを活用してフォロワーと話題を共有すると、よりTwitterを楽しめます。

リツイートを行う

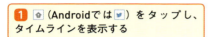

① （Androidでは ）をタップし、タイムラインを表示する

② 転載したいツイートをタップ

④ ［リツイート］をタップ

リツイートが完了し、 が表示される

③ をタップ

ツイートの詳細を表示し、 をタップすれば、リツイートを取り消せます。

引用ツイートを行う

前ページのようにリツイートを行うとき、ほかのユーザーのツイートをそのまま自分のタイムラインに転載することを「リツイート」、ほかのユーザーのツイートに自分のコメントを追記した上で投稿することを「引用ツイート」といいます。

1 （Androidでは ）をタップし、タイムラインを表示する

2 気になるツイートをタップ

3 をタップ

4 ［引用ツイート］をタップ

5 コメントを入力

6 ［ツイート］をタップ

引用ツイートが完了し、タイムラインに投稿される

自分のツイート内に引用したツイートが表示されている

💡 引用ツイートのコメントは、全角・半角含む最大116文字を入力することができます。

CHAPTER 3
117

Twitter タイムライン

気になったWebの記事をツイートする

ニュースやお得な情報など、気になったWebサイトの記事を見つけたら、その記事をタイムラインに投稿してフォロワーと情報を共有しましょう。また、URLをコピーしてツイートにペーストすると、そのツイートからリンク先にアクセスできます。

Webの記事を共有する

「Safari」で任意のWebページを表示する

1 をタップ

2 ［Twitter］をタップ

3 コメントなどを入力

4 ［投稿］をタップ

Androidでは、「Chrome」でWebページを表示し、 → ［共有］ → ［ツイート］をタップする

Webの記事が添付されたツイートが投稿される

ツイートに添付したリンクをタップすると、リンク先のWebページが表示される

Webサイトの記事はTwitterだけではなく、FacebookやLINEでも共有することができます。

ツイートにリンクを貼る

「Safari」で任意のWebページを表示する

1 アドレスバーをタップ

2 URLを選択

3 ［コピー］をタップ

Androidでは、「Chrome」でWebページを表示し、アドレスバーのURLを選択して🔲をタップする

P.177を参照し、ツイートの投稿画面を表示する

4 入力欄を長押し

5 ［ペースト］（Androidでは［貼り付け］）をタップ

ツイートにリンクが添付される

6 コメントなどを入力

7 ［ツイート］をタップ

Webのリンクが添付されたツイートが投稿される

❗ 🔲→Safariの［その他］で［Twitter］がオンになっているかあらかじめ確認しましょう。

CHAPTER 3
118

Twitter タイムライン

気に入ったツイートを管理する

タイムラインなどで気に入ったツイートを見つけて「いいね」を付ければ、あとからいつでも見返すことができます。また、ユーザーをお気に入りに登録しておけば、そのユーザーがツイートしたときにプッシュ通知で知らせてくれます。

ツイートに「いいね」を付ける

1 （Androidでは ）をタップし、タイムラインを表示する

2 ツイートをタップ

3 をタップ

** に切り替わり、ツイートに「いいね」が付けられる**

HINT 「いいね」をつけたツイートを確認する

P.164を参照して「アカウント」画面を表示し、[いいね]をタップすると、「いいね」をつけたツイートを確認できます。

 をタップすると、ツイートに付けた「いいね」を取り消すことができます。

ユーザーが投稿したときに通知を受ける

1 「設定」アプリを起動し、[通知]→[Twitter]をタップする

2 「通知を許可」の◯をタップしてオンに切り替える

3 Twitterアプリの「アカウント」画面で◯→[設定]→[アカウント名]→[モバイル通知]をタップする

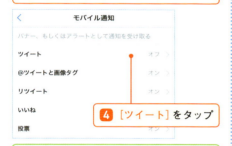

4 [ツイート]をタップ

Androidでは、⋮→[アカウント名]→[設定]→[モバイル通知]をタップする

5 「ツイート」の◯をタップしてオンに切り替える

3 P.169を参照して、お気に入りに登録したいユーザーのプロフィールを表示する

7 ◯をタップ

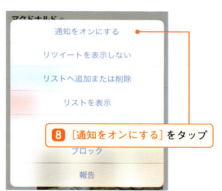

8 [通知をオンにする]をタップ

Androidでは、お気に入りに登録したいユーザーのプロフィールを表示したあと、★をタップする

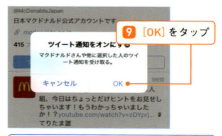

9 [OK]をタップ

ユーザーがお気に入りに登録され、そのユーザーがツイートを投稿するたび、自分のスマートフォンに通知が届く

> ◯→[通知をオフにする]をタップすると、お気に入りを解除することができます。

Twitter タイムライン

通知をチェックする

ほかのユーザーからリプライなどを受け取ったときは、「通知」タブにお知らせが届きます。またダイレクトメッセージを受け取ったときは「メッセージ」タブに通知されます。適宜確認して、返信しましょう。

リプライやメッセージを確認する

リプライやダイレクトメッセージを受け取ると、「通知」タブにバッジが表示される

❶ ［通知］（Androidでは🔔）をタップ

自分宛のツイートが表示される

❷ ツイートをタップ

ツイートの詳細が表示される

🔁や♥をタップすると、リツイートや「いいね」を行える

> **COLUMN 「通知」タブではどんなことを確認できる？**
>
> 通知タブのバッジはリプライを受信した以外にも、自分がフォローされたり、自分のツイートがお気に入りやリツイートに登録した場合なども表示されます。

リツイートやダイレクトメッセージなどを受信しても通知されないように設定することも可能です。

CHAPTER 3
120

Twitter タイムライン

最新のニュースを確認する

Twitterでは、いま話題になっている最新ニュースも閲覧できます。フォローしているユーザー、フォロワーのツイート以外から広く情報を収集したいときに活用するとよいでしょう。

Twitter上のトップニュースを見る

1 画面下部の［ニュース］（Androidでは画面上部の 🗞 ）をタップ

Twitter上でツイート数の多いニュースが一覧で表示される

2 気になるニュースをタップ

ニュースの詳細が表示される

［Webで全文を読む］をタップすると、掲載元のWebページが表示される

4 画面を上方向にスワイプすると、関連ツイートの一覧を確認できる

💡 最新のニュースの内容はリアルタイムで変更され、トレンドを簡単に把握することができます。

197

CHAPTER 3
121 人気のツイートやトレンドを確認する

Twitter タイムライン

Twitterでは、タイムライン上の人気ツイートをピックアップする「ハイライト」や、各地域で注目されているツイートをチェックできる「トレンド」なども利用できます。内容は随時更新され、旬な話題が一目でわかります。

ハイライトを閲覧する（Android版のみ）

1 　をタップ

2 ［ハイライト］をタップ

Twitterのハイライトが表示される

ハイライトには、「いいね」やリプライなどの数が多いツイートが選ばれる

左方向にスワイプすると、ハイライト内容を切り替えられる

「ハイライト」機能は、Android版のみ対応している機能です（2016年3月時点）。

トレンドを確認する

1 🔍 をタップ

画面下部にTwitterのトレンド一覧が表示される

2 トレンドをタップ

選択したトレンドに関するツイートが表示される

COLUMN Twitterのトレンドを効率よく検索する

Twitterのトレンドは、「つぃっぷるトレンド（http://tr.twipple.jp/）」などを利用するとランキング形式やジャンル別に効率良く検索できます。

HINT トレンドの対象地域を変更する

iPhoneでは「Safari」からTwitterの公式サイトにアクセスし、ログイン後に「トレンド」の［変更する］をタップして地域を変更します。Androidでは、🔍→ ⋮ →［トレンドの地域］をタップして地域を変更します。

Safariの場合、Twitterの公式サイトは「https://twitter.com/?lang=ja」からアクセスできます。

199

CHAPTER 3
122

Twitter タイムライン

キーワードで話題を検索する

気になる話題があったら、検索機能で関連ツイートを検索してみましょう。最新の情報を簡単に入手でき、Twitterを情報ツールとして最大限に活用できます。「画像」や「動画」などに、検索対象を変更することも可能です。

キーワードで話題を検索する

1 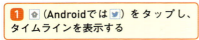（Androidでは🔍）をタップし、タイムラインを表示する

2 🔍 をタップ

Twitterの検索画面が表示される

3 検索欄をタップ

4 キーワードを入力

キーワードに該当するツイートが表示される

5 画面を上下にドラッグして、ツイートを閲覧する

Twitterのキーワード検索は、ブロックした相手のツイートも検索対象に含まれます。

検索結果を絞り込む

前ページを参照して検索画面を表示し、キーワードを入力する

1 をタップ

2 [その他のオプション]をタップ

3 検索条件を指定する

4 [適用]をタップ

検索結果が絞り込まれる

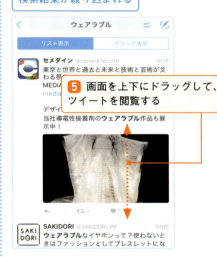

5 画面を上下にドラッグして、ツイートを閲覧する

HINT 特定の検索履歴を削除する

一度でもTwitterで検索を行うと、キーワードの入力時、画面下部に履歴が表示されます。iPhoneでは履歴を左方向にスワイプして[削除]をタップし、Androidでは履歴の右側にある→[はい]をタップして削除します。

HINT 特定のユーザーや日付を指定して検索する

検索欄にキーワードを入力する際、「from:（ユーザー名）」を入力するとそのユーザーのツイートだけを検索できます。「since:（日付）」&「until:（日付）」を入力すると、期間のツイートに絞り込んで検索できます。

Twitterのリアルタイム性を活かして列車の運行情報や天気などを検索すると便利です。

CHAPTER 3

123

Twitter その他設定／セキュリティ

2段階認証を設定する

Twitterのアカウントは、複数のスマートフォンやタブレットで共有することができます。ユーザー情報が漏れてアカウントが悪意ある第三者に乗っ取られたりしないよう、「2段階認証」を設定しておきましょう。

2段階認証を行う

2段階認証とは、ログイン時にIDとパスワードの他に認証コードが必要になるログイン形式です。認証コードは電話番号などを通じて手持ちの端末に送付されるため、本人であることが確認できる仕組みです。もし覚えがない場合はリクエストを拒否して、相手が勝手にログインできないようにしましょう。

1 P.164を参照して、「アカウント」画面を表示する

2 ⚙をタップ

3 [設定]をタップ

Androidでは、⋮→[設定]をタップする

4 [アカウント名]をタップ

5 [セキュリティ]をタップ

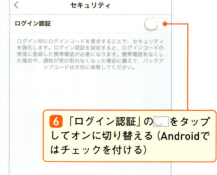

6 「ログイン認証」の をタップしてオンに切り替える（Androidではチェックを付ける）

💡 2段階認証を利用するには、Twitterに電話番号を登録している必要があります。

電話番号の利用を求める通知が表示される

7 ［確認］をタップ

バックアップコードが表示される

10 ［スクリーンショットを撮影する］をタップ

8 ［OK］をタップ

HINT バックアップコードを保存する

手順10のあと、バックアップコードを記載したスクリーンショットがカメラロールに保存されます。Androidでは、手順10で［はい］をタップしてギャラリーに保存します。バックアップコードは、何らかの理由でスマートフォンをTwitterを利用できないとき、Twitterの公式サイトにログインしてアカウントを復旧する際に利用します。

バックアップコード（認証コード）を撮影するかの確認通知が表示される

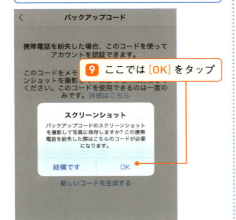

9 ここでは［OK］をタップ

ほかのスマートフォンでログインすると、ログインリクエストが表示される

11 ✓をタップしてログインを許可するか、✕をタップして拒否する

⚠ 2段階認証を利用するには、電話番号登録のほか、メールアドレスの認証も必要です。

203

CHAPTER 3

Twitter その他設定／セキュリティ

各種通知を減らす

Twitterは、初期状態では@ツイートやダイレクトメッセージを受信したとき、お気に入りやリツイートに登録されたときに通知が届きますが、あまりわずらわしい場合は、「設定」で特定の項目だけの通知を受け取るように変更しましょう。

通知設定を変更する

1 P.164を参照して「アカウント」画面を表示する

2 ⚙ をタップ

3 ［設定］をタップ

Androidでは、⋮→［設定］をタップする

4 ［アカウント名］をタップ

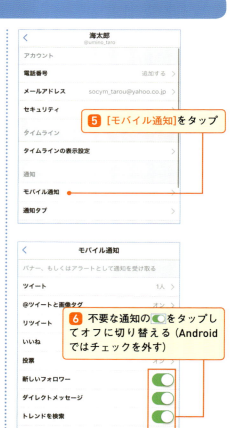

5 ［モバイル通知］をタップ

6 不要な通知の ⬤ をタップしてオフに切り替える（Androidではチェックを外す）

以降はオフにした項目の通知が届かなくなる

💡 「@ツイート」「リツイート」「いいね」「投票」の通知は、受け取る相手を選択できます。

CHAPTER 3
125

Twitter その他設定／セキュリティ

ツイートを非公開にする

タイムラインに投稿したツイートは、フォロワーのほか、あなたのユーザー名を検索した人や、同じハッシュタグを付けた人なども閲覧できます。それが嫌な場合は、ツイートを非公開設定に変更しましょう。

非公開設定を行う

1 P.164を参照して「アカウント」画面を表示する

2 ⚙をタップ

3 ［設定］をタップ

Androidでは、［︙］→［設定］→［プライバシーとコンテンツ］をタップする

4 ［アカウント名］をタップ

5 「ツイートを非公開にする」の をタップしてオンに切り替える

💡 非公開設定にする前からのフォロワーには、公開されたままとなります。

205

非公開設定になると鍵アイコンが表示される

非公開設定にすると、ほかのユーザーからはこのように表示される

リクエストを承認する

1 P.164を参照して自分のプロフィール画面を表示する

2 ［フォローリクエスト］をタップ

3 をタップ

リクエストを承認すると、フォロワーに追加される

HINT 非公開設定を解除する

非公開設定の解除は、非公開設定をしたときと同様の手順で、「ツイートを非公開にする」の をタップしてオフに切り替えます（Androidではチェックを外す）。

COLUMN フォローリクエストを送信する

非公開設定しているユーザーをフォローしたい場合は、P.166を参照して相手のプロフィールを表示し、［フォローする］をタップしてフォローリクエストを送信します。リクエストが承認されると、相手のツイートが自分のタイムラインに表示されます。

相手からのフォローリクエストを承認したくない場合は、 をタップしましょう。

CHAPTER 3
126

Twitter その他設定／セキュリティ

画像のタグを削除する

ツイートの添付画像にタグを付けて投稿すると、その場に一緒にいるユーザーをTwitter上で知らせることができます。ただタグは誰でも付けることができるので、勝手にタグを付けられた場合は削除したり、タグ付け自体を拒否しましょう。

画像のタグを削除する

1 （Androidでは ）をタップし、タイムラインを表示する

2 自分がタグ付けされたツイートをタップ

3 … をタップ

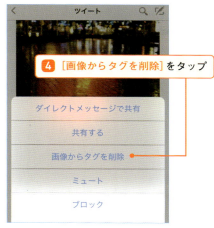

4 ［画像からタグを削除］をタップ

5 ［削除］をタップすると、画像につけられた自分のタグが削除される

Androidでは、 → ［画像をタグを削除］→ ［OK］をタップする

💡 フォロワーなどに自分がタグ付けされた場合は、［通知］タブで確認することができます。

207

勝手なタグ付けを拒否する

1 P.164を参照して「アカウント」画面を表示する

2 ⚙ をタップ

3 [設定] をタップ

4 アカウント名をタップ

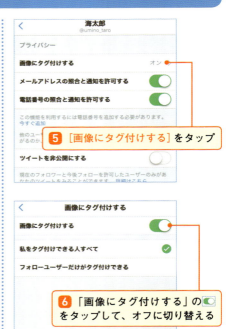

5 [画像にタグ付けする] をタップ

6 「画像にタグ付けする」の ◯ をタップして、オフに切り替える

Androidでは、タイムラインで ⋮ → [設定] → [プライバシーとコンテンツ] → [あなたをタグ付けできる] をタップし、オフに切り替える

HINT 画像にタグ付けする

P.180を参照してツイートに画像を添付したあと、[誰が写っていますか？] をタップし、ユーザーを検索して指定して、[完了] をタップするとタグ付けできます。

画像に付けられたタグをタップすると、その相手のプロフィール画面を確認できます。

CHAPTER 3
127

Twitter その他設定／セキュリティ

Twitterで検索されない ように制限する

P.166で解説した通り、Twitterではメールアドレスや電話番号でユーザーを検索・フォローすることができます。便利な反面、知らない人にフォローされてしまう場合もあるため、より安全性を高めたいときは検索の許可を制限しましょう。

他人の検索を拒否する

1 P.164を参照して「アカウント」画面を表示する

2 ⚙ をタップ

3 [設定] をタップ

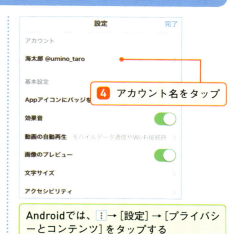

4 アカウント名をタップ

Androidでは、⋮ → [設定] → [プライバシーとコンテンツ] をタップする

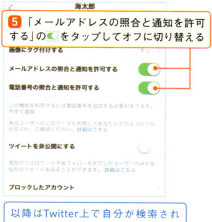

5 「メールアドレスの照合と通知を許可する」の ◯ をタップしてオフに切り替える

以降はTwitter上で自分が検索されなくなる

💡 検索を許可していても、ほかのユーザーに電話番号やメールアドレスは公開されません。

CHAPTER 3 128

Twitter その他設定／セキュリティ

ダイレクトメッセージの受信を制限する

ダイレクトメッセージは通常、お互いをフォローしていないと送信できません。しかし万一見知らぬ人からメッセージが届いた場合は「全ユーザーからの受信」の設定を確認して、オフに切り替えましょう。

メッセージの受信を制限する

1 P.164を参照して「アカウント」画面を表示する

2 をタップ

3 [設定]をタップ

4 アカウント名をタップ

Androidでは、→[設定]→[プライバシーとコンテンツ]をタップする

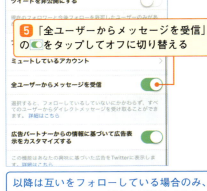

5 「全ユーザーからメッセージを受信」のをタップしてオフに切り替える

以降は互いをフォローしている場合のみ、ダイレクトメッセージをやり取りできる

初期状態では、「全ユーザーからメッセージを受信」はオフに設定されています。

CHAPTER 3

129

Twitterその他設定／セキュリティ

アップロードした連絡帳を削除する

連絡帳をTwitterにアップロードすれば、簡単に友だちや知り合いを検索することができますが、毎回「おすすめユーザー」に表示されるようになります。この表示を消したい場合は、パソコン版Twitterから連絡帳のデータを削除しましょう。

連絡帳を削除する

「Safari」ではパソコン版のサイトで各種設定を行えないため、ここでは「Chrome」を利用する

1 Androidではアプリケーション画面を表示し、[Chrome]をタップ

iPhoneでは、ホーム画面から[Chrome]をタップして起動する

2 Twitterの公式サイト（https://twitter.com/）にアクセスし、ログインを完了させる

3 **⋮** をタップ

4 [PC版サイトを見る]をタップ

パソコン版の画面が表示される

5 右上にあるアカウントアイコン →[設定]をタップ

💡 iPhoneの場合は、「App Store」から「Chrome」をインストールして利用しましょう。

211

6 [セキュリティーと
プライバシー]をタップ

7 [連絡先を管理する]をタップ

アップロードした連絡帳のユーザーが
表示される

8 [すべての連絡先を削除]をタップ

9 [削除]をタップ

アップロードした連絡帳データが全て
削除される

COLUMN

Twitterユーザーを
識別する

アップロードした連絡先のうち、Twitterを利用しているユーザーは「Twitter」アイコンが表示されます。

HINT

Twitterの連携設定を
解除する

各種アプリとTwitterとの連携を解除したい場合は、パソコン版Twitterの「設定」を開いて[アプリ連携]を選択し、アプリの右側にある[許可を取り消す]をタップすると、連携を解除できます。

Twitterにアップロードした連絡先は、個人ごとに削除することはできません。

CHAPTER 3 130

Twitter その他設定／セキュリティ

Twitterのアカウントを削除する

今後Twitterを利用する予定がない場合は、パソコン版TwitterからTwitterアカウントを削除しましょう。アカウントを削除しても、30日以内に再度ログインすれば復活させることが可能です。

アカウントを削除する

「Safari」ではパソコン版のサイトで各種設定を行えないため、ここでは「Chrome」を利用する

1 Androidではアプリケーション画面を表示し、[Chrome]をタップ

iPhoneでは、ホーム画面から[Chrome]をタップして起動する

2 Twitterの公式サイト（https://twitter.com/）にアクセスする

3 をタップ

4 [PC版サイトを見る]をタップ

パソコン版の画面が表示される

5 右上にあるアカウントアイコンをタップし、→[設定]をタップ

アカウントを削除しても、しばらくの間はユーザー検索で表示される場合があります。

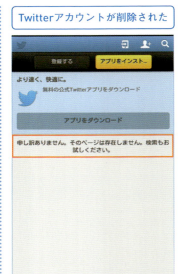

Twitterアカウントが削除された

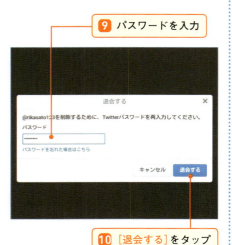

COLUMN アカウント削除後に再ログインした場合は？

Twitterのアカウントを削除後、30日以内に再ログインすれば、削除前のツイート・フォロー・フォロワー・リストのデータをそのまま利用することができます。

削除から30日が過ぎても、同じユーザー名／メールアドレスでの再登録が可能です。

CHAPTER 4
Facebookを使いこなす

CHAPTER 4
131

facebook 概要

Facebookって何？

Facebookでは、互いに友達になることで近況を報告しあったり、グループを作って同じ趣味を持つ人と交流したりできます。実名で登録するSNSなので実際の友人や知人、同級生などを探しやすいことも大きな特長です。
ここではまず、友達の投稿が表示される「ニュースフィード」や、主に自分の投稿を集中して読める「タイムライン」の概要を紹介します。

●ニュースフィード

●タイムライン

●ニュースフィードの主な機能

❶検索欄	友達やお店を検索できます
❷近況	今の心境や行っていることを投稿できます
❸写真	スマホ内の写真を投稿できます
❹チェックイン	現在地を投稿できます
❺投稿	自分や友達の投稿を確認できます
❻いいね！	友達の投稿に「いいね！」を送れます。
❼コメントする	友達の投稿にコメントできます
❽シェア	友達の投稿を自分のタイムラインに表示できます

●タイムラインの主な機能

❶検索欄	目的の友達を検索できます
❷カバー写真	自分のタイムラインを表す写真です
❸プロフィール写真	自分を表す写真です。投稿のたびに表示されます。
❹投稿する	自分の現況などを投稿できます
❺基本データを更新	自分のプロフィールを編集できます
❻アクティビティログ	自分の過去の履歴を確認できます
❼その他	カバー写真を変更したり、友達をブロックしたりできます

Facebookには、「ゲーム」などパソコンでしか利用できない機能も一部あります。

CHAPTER 4
132

facebook 概要

Facebookで
どんなことができるの？

Facebookは自分と友達の投稿が表示される「フィード」や「タイムライン」などのほか、「友達」の登録画面で構成されます。また、参加者同士が投稿やコメントで交流できる「グループ」機能も用意されています。

●友達を探してリクエストを送る

Facebookでは、名前から簡単に友達を検索して、そのままリクエストを送信できます。同姓同名が多い場合にはメールアドレスで検索したり、市町村や出身校で絞り込むことも可能です。

●コメントで友達とやり取りする

友達の投稿に対してコメントをつけることで、気軽にコミュニケーションをとれます。自分の投稿にコメントがついたときや、コメントに返信があった場合に通知を受け取ることも可能です。

●グループを作成して交流する

Facebookのグループには、誰でも参加できるものや招待された人しか参加できないものなど、いくつかの種類があります。同じ趣味や関心をもつ仲間と交流したい場合に活用できます。

「Messenger」というアプリで特定の人とだけ連絡を取ることも可能です（P.268参照）。

217

CHAPTER 4

facebook プロフィール／アカウント

133 アカウントを作成する

まずはFacebookアカウントを作成しましょう。アカウントの作成には、携帯電話番号もしくはメールアドレスと任意のパスワードが必要です。登録中にプロフィールなどを入力する画面も表示されますが、これらはあとから設定できます。

初期設定を行う

① ホーム画面からFacebookアプリを起動して［Facebookに登録］をタップ

② ［登録］（Androidでは［次へ］）をタップ

③ ［メールアドレスを使用］をタップ

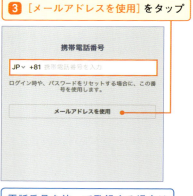

電話番号を使って登録する場合は、携帯電話番号を入力する

④ メールアドレスを入力

⑤ キーボードの［Go］（Androidでは✓）をタップ

登録したメールアドレスにはFacebookからのお知らせが届くようになります。

6 氏名を入力する。姓と名前を逆に入力しないように注意する

7 キーボードの［開く］（Androidでは●）をタップ

HINT 氏名の入力順序に注意する

氏名登録時には、入力欄の左から「名前」「苗字」の順に入力してください。「佐藤太郎」なら「太郎」「佐藤」と入力します。登録した氏名はあとから変更することも可能ですが、一度変更すると60日間は再変更できないなどの制限があります。

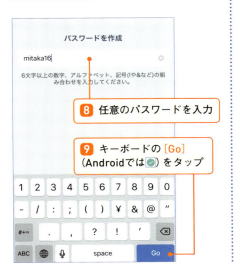

8 任意のパスワードを入力

9 キーボードの［Go］（Androidでは●）をタップ

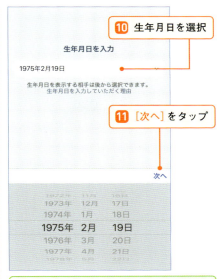

10 生年月日を選択

11 ［次へ］をタップ

Androidではこのあとに生年月日の確認画面が表示されるので、正しいことを確認して「はい」をタップする

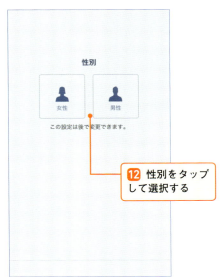

12 性別をタップして選択する

> ここで設定したメールアドレスやパスワードは、次回ログインの際に必要となります。

登録を完了する

名前や生年月日、性別といった基本情報を一通り入力すると、プロフィール写真の登録画面が表示されます。ここで設定してもよいですが、あとからゆっくりお気に入りの写真などを選びたい場合には、ひとまず手順をスキップしましょう。

1 ［スキップ］をタップ

手順1の画面で［写真を選択］や［写真を撮影］をタップすると、すぐにプロフィール写真を設定できる

2 ［スキップ］をタップ

手順2で［スタート］をタップすると、連絡帳がFacebookにアップロードされる

3 ［次へ］をタップする

HINT プロフィール写真などはあとから登録できる

上記の画面で［写真を選択］や［写真を撮影］をタップすると、プロフィール写真をその場で登録でき、そのあとに続けて居住地などの情報も登録できます。ただし、これらの情報は必須ではなく、アカウント作成後に追加するか選択できるため、ここではスキップして次に進んでいます。次の手順の連絡先アップロードについても、同様にあとからの追加が可能です。

プロフィール写真や連絡帳については、それぞれP.224、P.234を参照しましょう。

4「メール」アプリを起動し、Facebookからの受信メールを開く

5 受信メールに記載されたコードを確認する

HINT コードが確認できないときは？

確認用のコードは、最初に入力したメールアドレスに届きます。もしメールが届いていないときは［確認メールを再送信］をタップしてメールを再送しましょう。それでも確認できない場合には、アドレスを変更したり電話番号での認証に切り替えることも可能です。

6 画面を再び「Facebook」アプリに切り替える

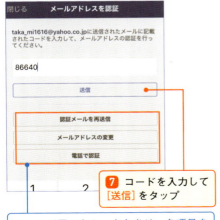

7 コードを入力して［送信］をタップ

メールが届かなかったときは、各項目をタップする

8［完了］をタップ

アカウント登録が完了する

HINT Facebookからログアウトする

Facebookからログアウトしたい場合は、画面右下（Androidでは右上）の≡をタップして、そのあと画面の最下部にある［ログアウト］をタップしましょう。

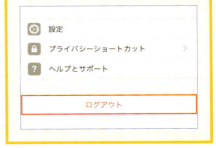

ログアウトしない限りは、Facebookを起動するたびにログインする必要はありません。

CHAPTER 4
134

facebook プロフィール／アカウント

プロフィール写真を設定する

投稿やコメントをしたときに、名前と一緒に表示されるのがプロフィール写真です。必ずしも自分が写っている写真である必要はありませんが、友達が自分を見分けるときの目印になるので、わかりやすいものを選ぶとよいでしょう。

プロフィール写真を設定する

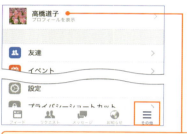

1 ≡をタップし、自分の名前をタップして基本情報を表示する

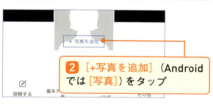

2 ［+写真を追加］（Androidでは［写真］）をタップ

3 ［プロフィール写真を変更］（Androidでは［写真をアップロード］）をタップ

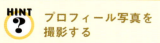

4 使用する写真をタップ

5 ドラッグして位置を調整する

6 ［この写真を使用］をタップ

プロフィール画像が設定される

HINT プロフィール写真を撮影する
写真一覧の左上（Androidでは右上）のカメラアイコンをタップすれば、その場で写真を撮影できます。

HINT 写真を編集する
iPhoneでは、手順**5**の画面下部のメニューから［フィルタ］などをタップして写真を編集できます。

プロフィール写真を変更すると、友達の「フィード」画面にその旨が通知されます。

CHAPTER 4
135

facebook プロフィール／アカウント

カバー写真を設定する

自分の基本情報の画面上部に表示されるカバー写真は、プロフィール写真と同様にスマートフォンに保存した写真から好みのものを選んで設定できます。プロフィール写真と重ねて表示されるので、色などのバランスを考えて選択しましょう。

カバー写真を設定する

1 ≡をタップし、自分の名前をタップして基本情報を表示する

2 ［+カバー写真］（Androidは［カバー写真を追加］）をタップ

3 ［写真をアップロード］をタップ

［Facebookの写真を選択］をタップすると、過去にタイムラインなどに投稿した写真を選択できる

4 使用する写真をタップ

5 写真をドラッグして位置を調整

6 ［保存］をタップ

カバー写真が設定される

HINT ❓ 別の写真に変更する

一度設定したプロフィール写真やカバー写真を変更したいときは、写真右下に表示されている［編集］（Androidではペンのアイコン）をタップして、新規設定時と同様の手順で写真を選択しましょう。

💡 iPhoneの場合は、画面上部の［ここをタップして変更］をから別のアルバムの写真を選べます。

223

CHAPTER 4
136 タイムラインのプロフィールを設定する

facebook プロフィール／アカウント

Facebookには、居住地や出身地、通っていた学校や趣味といったさまざまな情報を登録できます。情報の公開範囲は項目ごとに選択が可能なので、必要に応じて設定しましょう。必要のない項目は空欄のままでも構いません。

タイムラインのプロフィールを設定する

1 ≡をタップし、自分の名前をタップして基本情報を表示する

2 ［簡単な自己紹介を追加］（Androidでは［自己紹介を入力してください］）をタップ

3 自己紹介を入力

4 ［保存］をタップ

5 ［＋自分に関する情報を追加］をタップ

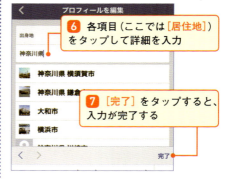

6 各項目（ここでは［居住地］）をタップして詳細を入力

7 ［完了］をタップすると、入力が完了する

HINT 公開範囲を選択する

公開範囲を変更する場合は をタップして、表示されるリストから範囲を選択します。また、内容を編集したい場合は、手順 **2** の画面で［基本データを編集］をタップしましょう。

> プロフィールの公開範囲を「自分のみ」にすると、その項目は公開されません。

CHAPTER 4

facebook プロフィール／アカウント

137 名前を編集する

Facebookに登録した名前は、「設定」画面から変更できます。日本の友達にだけ日本語表記の名前を表示して、外国の友達には英語表記の名前を表示したい場合は、メインの登録名をローマ字表記にし、あとから日本語の名前を追加します。

名前を変更する

Androidでは、画面右上の■をタップして、[アカウント設定]をタップする

💡 設定の変更が反映されないときは一度アプリを終了して再起動してみましょう。

225

名前を追加する

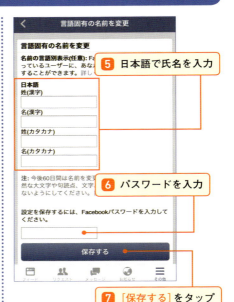

> **HINT**
> ### メールアドレスや電話番号を追加する
>
> メールアドレスや電話番号を追加したい場合は、まずP.225を参照して「設定」画面を表示します。そのあと［一般］→［メール］をタップし、［メールアドレスを追加］もしくは［電話番号を追加］をタップして、それぞれの内容を追加します。
>
>

💡 生年月日や性別も、Facebookのアカウントを登録したあとから変更することが可能です。

facebook 友達

友達を検索する

Facebookで友人や知人とつながるために、まずは名前で検索してみましょう。検索結果には個人のアカウントだけでなくFacebookページやグループも表示されるので、見つけにくい場合は上部のタブから絞り込みをすると便利です。

友達を検索する

1 ☰をタップして、「フィード」画面を表示する

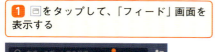

2 検索ボックスをタップ

3 友達の名前を入力

該当する友達の候補が表示される

4 友達の名前をタップ

友達のプロフィールが表示される

5 [友達になる]をタップすると、リクエストを送信できる（P.229参照）

HINT ❓ Facebookの検索対象

検索ボックスでは友達のアカウントのほか、Facebookページやグループ、イベントなども検索できます。検索結果の右側に表示されるアイコンがそれぞれ異なりタップすることで、Facebookページの場合は「いいね！」が、公開グループやイベントの場合は参加表明ができます。

💡 同姓同名の人を見分けるときは、「共通の友達」から判断すると便利です（P.249参照）。

227

範囲を変更する

●もっと多くの友達を検索する

1 前ページを参照して、友達を検索する

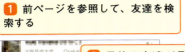

2 目的の友達が見当たらなかったら［さらに結果を表示］をタップ

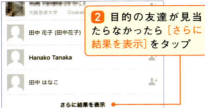

3 検索結果の続きが表示され、上下にスワイプすると候補を切り替えられる

Androidでは、検索結果画面を下にスクロールすれば続きを表示できる

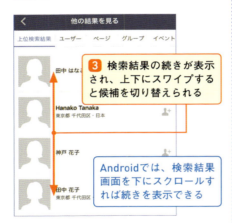

HINT メールアドレスで友達を検索する

同姓同名が多く検索結果から探すのが難しい場合には、メールアドレスで検索してみましょう。友達がそのアドレスをFacebookに登録していれば、簡単に見つけることができます。

●検索の範囲を変更する

1 検索結果画面で［さらに結果を表示］をタップ

画面上部に表示されるタブで、検索の対象を切り替えられる

2 ここでは［ユーザー］をタップ

検索結果のうち、個人アカウントのみが表示される。［市区町村］や［学校］などをタップすると、さらに検索範囲を絞り込める

Androidでは、検索結果画面上部の［人物］をタップすると個人アカウントの検索結果を表示できる

Facebookではメールアドレスのほか、電話番号でも友達を検索することができます。

facebook 友達

CHAPTER 4
139 友達リクエストを送信する

Facebookで友達になるには、相手に「リクエスト」を送り、それを承認してもらう必要があります。また、友達リクエストが送られてきた場合は画面下部（Androidでは上部）の［リクエスト］アイコンに赤いバッジが表示されます。

友達リクエストを送信する

●検索結果からリクエストを送る

1 友達の検索結果画面で、アイコンをタップ

アイコンが変わり、リクエストが送信される

> **HINT** Androidでリクエストを送る
> Androidでは検索結果画面からリクエストの送信ができないため、友達の名前をタップして、タイムラインから友達リクエストを送りましょう。

●友達のタイムラインからリクエストを送る

1 友達のタイムラインで、アイコンをタップ

友達リクエストが送信される

> **HINT** リクエストをキャンセルする
> 送信した友達リクエストをキャンセルする場合は≡から［友達］をタップして、［送信したリクエスト］の［元に戻す］をタップします。すでに承認された場合は、友達を削除したりブロックしたりしましょう（P.237,290参照）。
>
>

💡 友達リクエストが承認されたら、上部の［メッセージ］から一言伝えておくとより丁寧です。

送られてきた友達リクエストの承認や確認をする

自分が送った友達リクエストが承認されると、以後その友達とメッセージのやり取りなどが可能となります。もし相手から友達リクエストが送られてきたら、自分の知り合いか確認した上で承認しましょう。

●リクエストを承認する

Androidでは、画面上部の💬をタップ

●リクエストを承認した友達を確認する

友達の一覧が表示される

> **HINT** **見知らぬ人物からリクエストが送られてきたら**
> 知らない人からリクエストが送られてきた場合には、[削除]をタップすればリクエストが削除されます。

> **HINT** **友達一覧に表示されるユーザー**
> 「友達」画面には、自分がリクエストを送り相手がそれを承認したユーザーのほか、自分がリクエストを受け取って承認したユーザーも表示されます。

友達になったあとも相手をブロックしたり削除することが可能です(P.290参照)。

CHAPTER 4
140

facebook 友達

QRコードで友達を追加する

QRコードを使って友達を追加するときは、どちらか一方が自分のコードを画面に表示して、もう一方がスキャナーで読み取ります。名前で検索しても友達を見つけられない場合でもスムーズに追加できることがメリットです。

QRコードで友達を追加する

●自分のQRコードを表示する

1 ≡をタップして「その他」画面を表示し、[友達]をタップする

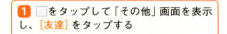

2 [QRコード]をタップする

QRコードが表示される

3 [マイコード]をタップして相手にQRコードを読み取ってもらう

●相手のQRコードを読み取る

1 「QRコード」画面の[スキャナー]をタップして、友達のQRコードを読み取る

2 [友達になる]をタップすると、登録が完了する

💡 表示したQRコードは画面下部からメールに添付して送ることができます。

CHAPTER 4
141

facebook 友達
「知り合いかも」から友達になる

Facebookでは、共通の友達がいるユーザーなどが「知り合いかも」に自動で表示されます。ここから実際の知り合いを見つけて、リクエストを送ることが可能です。もし知り合いでない人が表示されている場合には削除することもできます。

「知り合いかも」を確認する

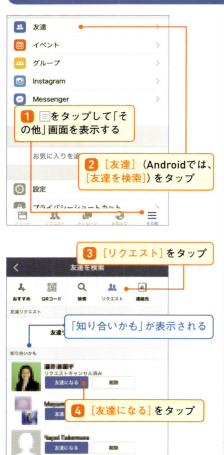

1. ☰をタップして「その他」画面を表示する
2. ［友達］（Androidでは、[友達を検索]）をタップ
3. ［リクエスト］をタップ
4. ［友達になる］をタップ

友達リクエストが送信される

「知り合いかも」が表示される

COLUMN 「知り合いかも」に表示される理由

「知り合いかも」に表示されるユーザーは、共通の友達がいる人や、出身校や在籍していた会社が同じ人などです。また、連絡先のアップロードを行った場合には、連絡先に登録されている友達が表示される場合もあります。

共通の友達がいる場合、「知り合いかも」に共通の友達の人数が表示されます。

CHAPTER 4

142

facebook 友達

Facebookのおすすめの人を友達にする

「おすすめ」も、「知り合いかも」と同様に共通の友達のいるユーザーなどが表示される場所です。学校や勤務先を登録していない場合や、友達の数が少ない場合、連絡先アップロードをしていない場合などは表示されないケースもあります。

Facebookのおすすめの人を友達にする

1 ≡をタップ

3 [おすすめ]をタップして、おすすめユーザーを表示する

4 [友達になる]をタップすると、友達リクエストが送信される

2 [友達]（Androidでは[友達を検索]）をタップ

HINT 「知り合いかも」「おすすめ」から削除する

「知り合いかも」や「おすすめ」に表示したくないユーザーがいる場合には、一覧画面で[削除]をタップします。

> 「知り合いかも」や「おすすめ」などでリクエストを送っても、あとから取り消せます。

CHAPTER 4
143

facebook 友達

連絡先の知り合いを探す

スマートフォンの連絡帳をFacebookにアップロードすれば、登録された中でFacebookを使っている人を確認でき、そのままリクエストを送信できます。また、Facebookユーザーでない人には、招待メールを送ることができます。

連絡先をアップロードする

1 ≡をタップして「その他」画面を表示する

2 ［友達］（Androidでは［友達を検索］）をタップ

「友達を検索」画面が表示される

3 ［連絡先］をタップ

4 ［スタート］（Androidの場合は［開始する］）をタップ

iPhoneで連絡先へのアクセス許可を求めていない場合は、下記の通知が表示される（Androidは **5** ～ **9** の操作は不要）

5 ［設定］をタップ

⚠ 日頃から連絡を取りあっている人とFacebookでつながりたい場合には連絡先を利用しましょう。

234

「設定」アプリが起動する

❻ 画面を上方向にスワイプし、［Facebook］をタップ

❼ ［設定］をタップ

❽ ［連絡先］の□をタップしてオンに切り替える

❾ ［Facebookに戻る］をタップする

連絡帳のデータがアップデートされる

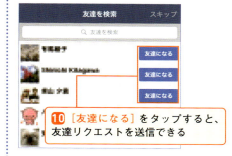

❿ ［友達になる］をタップすると、友達リクエストを送信できる

手順❿のあとで［スキップ］をタップすると、Facebookの非ユーザーが表示される

⓫ ［招待する］をタップすると、Facebookへの招待メールが送信される

相手には、Facebookへの登録をうながすメールが送信される

> **HINT** 「招待する」の相手はみんな非ユーザー？
>
> 「招待する」には、基本的にFacebookを利用していない人が表示されます。ただし、連絡帳に登録されているメールアドレスと友達がFacebookに登録したアドレスが異なる場合には、Facebookユーザーであっても「招待する」に表示される場合があります。

連絡先へのアクセスを許可している場合は、手順❻～❿の操作は必要ありません。

235

CHAPTER 4 144

facebook 友達
友達のプロフィールを確認する

友達の勤務先や出身地といったプロフィールは、タイムライン上部の「基本データ」から確認できます。また、「基本データ」画面を下にスクロールすると、アップロードした写真や「いいね！」をしたページなどの一覧も表示されます。

友達の基本データを見る

Androidでは、画面上部の≡をタップして[友達を検索]をタップする

HINT 詳細なプロフィールを見る

「基本データ」画面の［○○さんのその他の情報］をタップすると、生年月日や詳しい自己紹介が表示されます。

未登録の情報を知りたい場合は、各項目の「開く」をクリックして友達にリクエストを送れます。

CHAPTER 4
145

facebook 友達

友達を削除する

友達の削除は、相手のタイムラインか、友達の一覧画面から行えます。なお、削除せずに相手の投稿を非表示にしたい場合は、友達のタイムラインからフォローの解除を行いましょう。

削除を実行する

1 画面右下の☰をタップ

2 [友達] をタップ

Androidでは、画面上部の☰をタップして [友達を検索] をタップする

3 削除したい友達の、[友達] をタップ

1 [○○さんを友達から削除] → [OK] をタップ

Androidでは [友達から削除] → [承認] をタップする

HINT 友達のフォローをやめる

P.251を参照して友達のタイムラインを表示し、画面上部の [友達] → [フォローをやめる] → [OK] (Androidでは [承認]) をタップすると、以後、その相手のタイムラインが更新されなくなります (友達画面には引き続き表示されます)。

削除後に再び友達にしたい場合は、友達リクエストの再送信と相手の承認が必要です。

CHAPTER 4 146

facebook ニュースフィード／タイムライン

ニュースフィードに近況を投稿する

友達の登録などを終えたら、まずは「フィード」画面で交流をはじめてみましょう。友達の近況を確認できるほか、自分からはテキストはもちろん、そのときの気分や、現在聴いている音楽なども投稿することができます。

近況を投稿する

Facebookの「フィード」画面では、自分や友達の近況を確認できます。たとえばその日に起こった出来事や今の心情を投稿すると、友達の「フィード」画面にも表示され、「いいね！」やコメントなどをやり取りできます。

1 をタップし、［フィード］画面を表示する

2 ［今なにしてる？］をタップ

3 「今なにしてる？」（Androidは「何か書く」）をタップして投稿内容を入力する

4 ［投稿する］（Androidでは［投稿］）をタップ

「フィード」画面の最上部に反映される

238　　フィードの投稿内容は、設定によって非公開にすることもできます（P.242参照）。

アクティビティを追加する

フィードの投稿に「アクティビティ」を追加すると、自分が今行っていることを簡単に友達に伝えられます。アクティビティにはさまざまな種類があり、ここではその中でもポピュラーな「気分」と「音楽」の項目を追加する方法を紹介します。

●気分を投稿する

1 前ページを参照し、投稿画面を表示する

2 😊 をタップ

アクティビティの追加画面が表示される

3 ［気分］をタップ

気分のアイコンが一覧で表示される

4 画面を上下にスワイプし、投稿したいアイコンをタップ

●音楽を投稿する

1 左の手順を参照し、「アクティビティの追加」画面を表示する

2 ［音楽を鑑賞中］をタップ

3 歌手名や曲名、ジャンル名を入力して、候補をタップして選択する

聴いている音楽が添付される

4 テキストを入力し、［投稿する］をタップ

> 💡 フィードには、写真や動画、位置情報なども添付することができます（P.240〜244参照）。

●行動を投稿する

1 P.238を参照し、「フィード」の投稿画面を表示する

2 😀をタップ

「アクティビティを追加」画面が表示される

3 ［その他］をタップ

4 投稿したい行動をタップ

「今何してる？」が追加される

5 投稿内容を入力

6 ［投稿する］（Androidでは［投稿］）をタップ

> **HINT** 「今何してる？」の行動を検索する
>
> 手順4の画面で投稿したいものが一覧にない場合は、画面上部から検索してアイコンを選択し、アクティビティに追加しましょう。

💡 Facebookのアクティビティには、「ヒツジを数えています」などユニークなものもあります。

CHAPTER 4
147

facebook ニュースフィード／タイムライン

スマートフォンの写真や動画を投稿する

ニュースフィードにはテキストだけでなく、スマートフォンに保存した写真や動画も投稿できます。旅行などで撮り溜めたお気に入りの写真などがあったら、積極的に投稿して友達と共有しましょう。

写真を投稿する

1 P.238を参照して「フィード」の投稿画面を表示する

2 📷 をタップ

3 写真の保存先を選択する

4 投稿したい写真をタップ（複数選択も可能）

5 ［完了］をタップ

6 キャプションを入力

7 ［投稿する］（Androidでは［投稿］）をタップ

タップして写真を編集できる

「フィード」画面に写真が投稿される

💡 写真の編集では他にも一部を切り取ったり、スタンプを挿入したりすることが可能です。

241

動画を投稿する

1 P.238を参照して「フィード」の投稿画面を表示する

2 📷をタップ

「フィード」画面に動画が投稿される

3 動画の保存先を選択する

4 投稿したい動画をタップ（複数選択も可能）

5 ［完了］をタップ

「アップロード完了」の通知が出た場合は、［OK］をタップし処理が終わるまで待つ

HINT ライブ動画を配信する

Facebookでは実況中継のように現在の光景をライブ動画で配信することもできます。フィードの投稿画面で📷をタップし、ライブ動画の内容を入力して、［ライブ放送を開始］をタップしましょう。

6 キャプションを入力

7 ［投稿する］（Androidでは［投稿］）をタップ

動画と投稿する場合は、事前に「写真」アプリなどで再生時間をトリミングしましょう。

CHAPTER 4
148 投稿の公開範囲を変更する

facebook ニュースフィード／タイムライン

投稿の公開範囲は、必要に応じて変更が可能です。すべての人が閲覧可能な「公開」や友達だけが閲覧できる「友達」などが用意されているほか、指定した友達にだけ公開したり、特定の友達を除外して公開したりすることもできます。

友達だけに投稿内容を公開する

1 P.238を参照して、「フィード」の投稿画面を表示する

2 画面上部の［宛先］をタップ

「プライバシー」設定画面が表示される

3 公開範囲を変更する

4 ［完了］をタップ

投稿の公開範囲が変更される

5 投稿内容を入力

6 ［投稿する］（Androidでは［投稿］）をタップ

> **HINT 投稿後に公開範囲を変更する**
>
> 投稿後に公開範囲を変更したい場合は、投稿右上の▽をタップして［編集］を選択します。同様の手順で範囲の変更を行ったら［完了］をタップしましょう。
>
>

💡 公開範囲を「自分だけ」にすれば、投稿を削除せずに非公開にすることができます。

243

特定の友達のみに投稿する

1 P.232を参照して、フィードの投稿画面を表示して、［宛先］をタップ

2「プライバシー設定」画面で［その他］をタップ

3［選択した友達］をタップ

4 公開する友達を選択

5［完了］をタップ

6［完了］をタップ

公開範囲が指定した友達に変更された

7 投稿内容を入力し、フィードに投稿する

HINT 指定した友達以外に公開する

投稿画面で［宛先］をタップしたあと、［友達-次を除く：］をタップして、除外したい友達を選択すると、それ以外の友達に投稿を公開できます。Androidでは、選択した友達のみへの公開ができないため、この方法で公開範囲を指定する必要があります。

HINT 友達を検索する

手順**5**の画面上部の検索ボックスに友達の名前を入力して、友達の該当候補をタップすることでも選択できます。

Androidでは、居住地域などをもとに公開対象を指定することもできます。

CHAPTER 4
149

facebook ニュースフィード／タイムライン

位置情報を投稿する

Facebookには、位置情報を地図などと共に投稿する機能が用意されています。このうち位置情報の投稿は「チェックイン」とよばれ、その場所を訪れたことを友達に知らせたいときに便利です。

位置情報を付加する

1 フィードの投稿画面で［チェックイン］をタップ

現在地周辺のお店や施設が一覧で表示される

2 投稿したい場所をタップ

手順**2**の際に画面上部の検索ボックスにキーワードを入力すれば、特定の施設やお店を検索することができる

HINT 食べているものを選択する

手順**2**で飲食店を選んだ場合は、そのあとに食べたものを選択する画面も表示されます。投稿する必要がない場合は画面右上の［スキップ］をタップしましょう。

位置情報が添付される

3 投稿文内容を入力

4 ［投稿する］（Androidでは［投稿］）をタップ

「フィード」画面に位置情報が添付されて投稿される

投稿された位置情報をタップすると、その場所の詳細な情報や地図を確認できる

位置情報の利用をオフにしていた場合は、手順**1**のあとに設定を求める通知が表示されます。

245

facebook ニュースフィード／タイムライン

CHAPTER 4
150 投稿を削除・編集する

Facebookに投稿した文章や写真は、投稿右上のメニューから削除や編集が可能です。一度削除してしまうと元に戻すことはできないので、慎重に操作しましょう。この操作は、フィードからでも、タイムラインからでも行うことができます。

投稿を削除する

1 をタップし、「フィード」画面を表示する

2 自分の投稿右上の をタップ

投稿の編集メニューが表示される

3 [削除]をタップ

4 [削除]をタップ

タイムラインの投稿が削除される

投稿を削除すると、友達からのコメントや「いいね！」も一緒に削除されます。

投稿を編集する

フィードの内容は、投稿したあともテキストを変えたり、写真や位置情報などを追加したりすることができます。☑をタップして、表示されるメニューから［編集履歴を表示］をタップすれば、編集前の投稿を確認できます。

1 自分の投稿右上の☑をタップ

2 表示されたメニューから［投稿を編集］をタップ

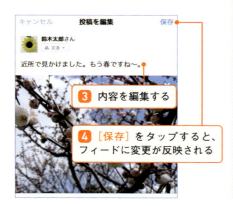

3 内容を編集する

4 ［保存］をタップすると、フィードに変更が反映される

HINT 画像の変更や削除をする

編集画面で画像右上の［×］をタップすると画像を削除できます。投稿下部のカメラアイコンから再度画像を選択すれば、差し替えも可能です。

HINT 投稿画面へのリンクをコピーする

自分の投稿をFacebook以外で知らせたいときは、投稿のリンクをコピーしてそれを貼り付けると便利です。iPhoneの場合は、投稿下部の［シェア］をタップすると表示されるメニューで、［リンクをコピー］をタップします。Androidでは、投稿右上の☑をタップして、［リンクをコピー］をタップしましょう。

投稿の編集履歴は、投稿を閲覧できるすべての友達が確認することができます。

CHAPTER 4
151

facebook ニュースフィード／タイムライン

自分のタイムラインを表示する

タイムラインには、自分のプロフィールやこれまでにFacebookに投稿した写真、友達の一覧や過去の投稿などが表示されます。自分がFacebookに公開している情報を確認・編集したい場合は、タイムラインを開きましょう

タイムラインを表示する

1 ☰をタップ

自分のタイムラインが表示される

2 自分の名前をタップ

HINT タイムラインで自分の投稿を確認する

タイムラインの「投稿」には自分の投稿が新しいものから順に表示され、それぞれの投稿をタップすれば、友達からのコメントや投稿文の続きを見ることができます。

タイムラインには、登録した自分の誕生日や学校の入学・卒業年も表示されます。

CHAPTER 4
152 友達のタイムラインを閲覧する

facebook ニュースフィード／タイムライン

特定の友達の投稿をまとめて読みたい場合は、その友達のタイムラインを表示しましょう。［その他］から友達一覧を表示して、投稿を閲覧したい友達を選択しましょう。

友達のタイムラインを閲覧する

1 ≡をタップして「その他」画面を表示する

2 ［友達］をタップ

3 表示したい友達をタップ

友達のタイムラインが表示される

［友達］をタップすると、自分と共通の友達などを確認できる

友達のタイムラインの「その他」からは、これまでのやり取りの履歴を確認することができます。

CHAPTER 4
153
facebook ニュースフィード／タイムライン
投稿内容を友達とシェアする

シェアは、友達の投稿や企業のFacebookページの投稿を、ほかの友達に知らせることのできる機能です。自分の友達全員が閲覧できる状態でシェアする方法や、特定の友達に対してシェアする方法などいくつかの種類があります。

友達の投稿内容を自分のフィードでシェアする

1 P.249を参照して友達のタイムラインを表示する

2 投稿下部の［シェア］をタップ

3 ［そのままシェア］（Androidでは［今すぐシェア］）をタップ

4 をタップして「フィード」画面を表示する

友達の投稿がシェアされているのが確認できる

HINT シェアした投稿の公開範囲を変更する

シェアした投稿の公開範囲は、アカウント設定で選択されている全投稿の公開範囲と同じになります。シェアの公開範囲を変えたい場合は、→「投稿を編集」をタップしましょう。

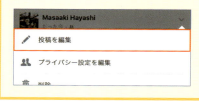

シェアに紹介文をつけたいときは、手順3の画面で「投稿する」を選択しましょう。

自分の投稿内容を友達のタイムラインにシェアする

1 ▽をタップして、「フィード」画面を表示する

2 投稿下部の［シェア］をタップ

3 ［投稿する］をタップ

4 ［タイムライン］（Androidでは［Facebookでシェア］）をタップ

5 ［友達のタイムライン］をタップ

6 タイムラインにシェアしたい友達をタップ

7 投稿内容を入力

8 ［投稿する］（Androidでは［投稿］）をタップすると、友達のタイムラインに自分の投稿が表示される

> **HINT 投稿をシェアした場合の通知**
>
> 友達の投稿をシェアすると、その友達には「○○さんがあなたの投稿をシェアしました」という通知が送られます。

自分や友達のタイムラインのほか、グループ（P.270参照）にも投稿をシェアできます。

CHAPTER 4
154 友達の投稿にコメントしたり、「いいね！」を付ける

facebook ニュースフィード／タイムライン

友達の投稿に対して感想などを伝えるときは、コメントを利用します。入力欄のアイコンをタップすれば、写真やスタンプをコメントの代わりに送ることも可能です。なお、コメントはその投稿を閲覧できるすべてのユーザーに公開されます。

コメントや「いいね！」をする

●コメントする

1 P.249を参照して、友達のタイムラインを表示する

2 投稿下部の[コメントする]をタップ

3 コメントを入力

4 [投稿する]（Androidでは▶）をタップ

コメントが投稿される

●「いいね！」を付ける

1 P.249を参照して、友達のタイムラインを表示する

2 [いいね！]をタップして、友達の投稿に「いいね！」を付ける

> タイムラインのコメントの下部には、そのコメントを投稿した日時も表示されます。

CHAPTER 4
155
facebook ニュースフィード／タイムライン
「いいね！」以外のリアクションをする

2016年1月から提供が開始された「リアクション」は、さまざまなアイコンを使って自分の気持ちを伝えられる機能です。「いいね！」とは言いにくい投稿に対しても、「悲しいね」や「ひどいね」などで共感を示すことができます。

「いいね」以外を送る

1 P.249を参照し、友達のタイムラインを表示する

2 投稿下部の[いいね！]をロングタップ

リアクションのアイコンが付く

「いいね！」以外のメニューが表示される

3 ここでは[超いいね！]（）をタップ

HINT 友達からのリアクションを確認する

友達が自分の投稿にリアクションした場合は、「お知らせ」画面に「○○さんがリアクションしました」というメッセージとリアクションのアイコンが表示されます。

HINT リアクションの種類

リアクションには、「いいね！」を含めて合計6種類のアイコンが用意されています。投稿内容に応じて使い分けることで、多彩な気持ちを気軽に伝えられます。

アイコン	名称	説明
👍	いいね！	共感や賛同を伝える
❤️	超いいね！	「いいね！」より強い共感などを伝える
😆	うけるね	おもしろい投稿に対してリアクションする
😮	すごいね	おどろきや賞賛の気持ちを伝える
😢	悲しいね	悲しい投稿に対してリアクションする
😠	ひどいね	友達の怒りの気持ちに共感する

1つの投稿に対しては、1種類のリアクションしか付けることができません。

CHAPTER 4 156

facebook ニュースフィード／タイムライン

「いいね！」やコメントを確認／返信する

友達とのコメントのやり取りは、Facebookでコミュニケーションを楽しむ方法のひとつです。自分の投稿にコメントが付くと「お知らせ」に表示され、そこから投稿に移動できます。なお、コメントに「いいね！」を付けることも可能です。

「いいね！」を確認する

友達に「いいね」を付けられると、「お知らせ」タブにバッジ（数字）が表示される

1 🌐をタップ

友達のリアクションが一覧で表示される

2 🌐アイコンのお知らせをタップ

友達が「いいね！」をした投稿が表示される

HINT 「いいね！」をした友達を確認する

投稿下部の青い「いいね！」アイコンの横には、「いいね！」をした友達の数、もしくは友達の名前が表示されます。また、投稿下部に表示されている青い「いいね！」アイコンをタップすると、その投稿に「いいね！」をした友達の一覧が表示されます。

254　❗ スパムなど迷惑なコメントは、コメントをタップ→［報告］でFacebookに報告できます。

コメントを確認・返信する

●コメントを確認する

友達からコメントをもらうと、「お知らせ」タブにバッジが表示される

1 💬をタップ

2 💬アイコンのお知らせをタップ

コメントのついた投稿が表示される

●コメントに返信する

1 友達のコメントをタップ

2 ［返信］をタップ

3 返信を入力

4 ［投稿する］（Androidでは▷）をタップ

HINT コメントに写真やスタンプを入れる

コメント入力欄の左のカメラアイコンをタップして写真を選択すれば、コメントに写真を追加できます。また、右側の顔アイコンからは、「スタンプ」とよばれる大きな絵文字を入れることも可能です。

コメントで使用するスタンプの多くは無料でダウンロードすることができます。

255

facebook ニュースフィード／タイムライン

CHAPTER 4
157 アルバムを作成する

たくさんの写真をまとめてFacebookに載せたい場合は、「アルバム」を利用すると便利です。アルバムを作成すると友達のタイムラインに通知され、それぞれの写真やアルバムにコメントや「いいね！」をつけられるようになります。

アルバムを作る

1 ≡をタップして「その他」画面を表示する

2 自分の名前をタップ

自分のタイムラインが表示される

[写真]が表示されていない場合は画面を下にスクロールする

3 [写真]をタップ

4 [アルバム]をタップ

HINT 友達のアルバムを見る

友達のタイムライン上部で[写真]をタップして、次の画面で[アルバム]をタップすると、その友達の作成したアルバム一覧が表示されます。

💡 手順4の画面で[アップロード]をタップすると、過去に投稿した写真を確認できます。

5「アルバムを作成」の［＋］をタップ

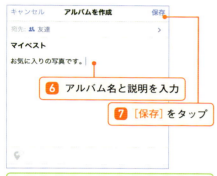

6 アルバム名と説明を入力

7［保存］をタップ

Androidでは、アルバムタイトルや説明を入力するとアルバム一覧画面に戻るので、作成したアルバムをタップして［写真を追加］をタップする

「写真へのアクセスを許可してください」と表示されたら許可する

8 写真の保存先を選択し、アルバムに追加する写真をタップ

9［完了］をタップ

10［アップロード］（Androidでは［投稿］）をタップ

［編集］をタップして色調を変えたり、キャプションを追加したりすることも可能

アルバムが作成される

HINT アルバムの公開範囲を変更する

アルバムの公開範囲は、初期設定では「友達」になっています。アルバム画面右上の［編集］をタップし、［プライバシー］をタップすると、「公開」「友達」「自分のみ」のいずれかに範囲を変更できます。また画面下部の［アルバムを削除］をタップすると、アルバムを削除できます。

アルバムの各写真をタップすると大きく表示され、タグなどを追加できます（P.259参照）。

CHAPTER 4 158 写真と友達を関連付ける

facebook ニュースフィード／タイムライン

投稿した写真に友達が写っていれば「タグ」を利用して写真とその友達を関連付けることができます。写真ごとに複数の友達をタグ付けすることが可能で、それぞれの友達のタイムラインが簡単に見られるようになります。

友達を写真にタグ付けする

タグは、フィードに写真を投稿するときや、アルバムの写真を表示したときに追加できます。タグ付きの投稿はタグ付けされた人のタイムラインにも表示され、その人の友達も閲覧できます。そのためタグ付けは慎重に行うようにしましょう。

1 P.240を参照し、フィードの投稿に写真を添付する

2 ◎をタップ

3 友達の名前を入力

4 候補から友達をタップ

5 ［完了］（Androidでは［次へ］→［スキップ］）をタップ

友達のタグ付けが完了する

6 ［投稿する］をタップすると、自分のフィードとタグ付けした友達のタイムラインに表示される

HINT アルバムの写真にタグ付けする

P.256を参照して「アルバム」画面を表示し、任意の写真をタップします。そのあと画面上部の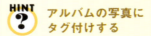をタップすると、画面を左右にフリックしながら、各写真に友達をタグ付けできます。

タグ付けを嫌がる人もいるので、P.268などの方法で本人に許可を取りましょう。

タグを活用する

●タグから友達のタイムラインを表示する

1 をタップして、「フィード」画面を表示する

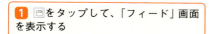

2 投稿に表示された友達の名前をタップ

友達のタイムラインが表示される

3 画面を上方向にスワイプする

4 自分の投稿が、相手のタイムラインに表示されている

相手の公開設定によっては、その相手の友達にも投稿が公開される

●タグを付けた友達を確認する

1 自分がタグ付けされると、「お知らせ」に通知が届く。 をタップする

2 「お知らせ」画面で、タグ付けの通知をタップ

3 友達のタイムラインが表示され、自分がタグ付けされた写真を確認できる

COLUMN 追加されたタグを削除する

自分が望んでいないのに友達からタグ付けされてしまった場合は、投稿右上の をタップして［タグを削除］をタップすればタグを削除できます。

自分のタイムラインの［アクティビティログ］をタップしてもタグ付けされた写真を確認できます。

CHAPTER 4
159 友達をリスト分けする

facebook ニュースフィード／タイムライン

「リスト」は、友達を分類して整理するための機能です。あらかじめ用意された「親しい友達」や「知り合い」などの項目を選択することで簡単に分類でき、そのリストに登録している友達の投稿だけをまとめて見ることができます。

友達をリスト分けする

1 P.256を参照して、友達の一覧画面を表示する

2 リスト分けしたい友達をタップ

4 ［友達リストを編集］をタップ

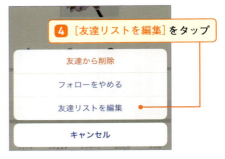

5 追加するリスト名をタップ

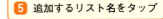
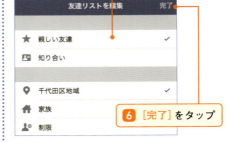

6 ［完了］をタップ

友達のタイムラインが表示される

3 ［友達］をタップ

COLUMN リストの種類と表示頻度

「親しい友達」に追加した友達の投稿は、「フィード」画面に優先的に表示されるようになります。反対に「知り合い」に登録すると、その友達の投稿はほとんど表示されなくなります。

友達をリストに追加しても、それが相手に通知されることはありません。

リストから友達の投稿を見る

1 ≡をタップして「その他」画面を表示する

リストに登録した友達の投稿だけが表示される

2 ［さらに表示］をタップ

3 ［フィード］をタップ

Androidでは画面上部の□をタップして、「フィード」の項目から表示するリスト名をタップする

4 前ページで友達を追加したリスト名をタップ

COLUMN　リスト分けを解除する

リスト分けを解除したいときは、友達のタイムラインで［友達］→［友達リストを編集］とタップして、解除するリストをタップしてチェックマークを外します。最後に［完了］をタップして保存しましょう。

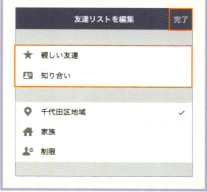

> リストは公式サイトで新規作成できます（https://www.facebook.com/bookmarks/lists）。

CHAPTER 4
160

facebook ニュースフィード／タイムライン

イベントを作成する

Facebookでイベントを作成すると、友達の招待や参加者の把握が簡単に行えます。招待された人だけが参加できる「非公開イベント」と、誰でも参加できる「公開イベント」があり、イベント作成画面上部の▼から切り替えられます。

イベントを作成する

1 ☰をタップ
2 ［イベント］をタップ

「イベント」画面が表示される

3 ［作成］をタップ

4 イベント名を入力
5 各項目をタップしてイベント内容を入力
6 ［作成］をタップ

> **HINT イベントの画像を追加する**
>
> イベントのページに表示する画像を追加する場合は、イベント名の入力欄の右にある■（Androidでは◎）をタップして、［写真をアップロード］（Androidでは［新しい写真をアップロード］）をタップして、写真を選択します。

手順4の画面上部で、作成したイベントを公開するか、非公開にするかを設定できます。

友達をイベントに招待する

● イベントに友達を招待する

前ページでイベントを作成すると、下記の画面が表示される

1 ［招待する］（Androidでは［招待］）をタップ

> **HINT** イベントページを表示する
>
> 作成したイベントのページを表示するには、≡ から［イベント］をタップして、一覧からイベント名をタップします。

2 招待する友達をタップ

3 ［招待］（Androidでは ▶ ）をタップ

友達にイベントの招待が送信された

● イベントに参加する友達を確認する

1 ［参加予定］をタップ

参加予定の友達が表示される

> **HINT** 招待されたイベントに参加する
>
> 友達からイベントに招待された場合は、イベントページから［参加予定］をタップすることで参加表明できます。返答を保留にしたい場合は［未定］を、不参加の場合は［参加しない］をタップします。

⚠ イベントのページでは、参加者同士がコメントをやり取りして日程などを調整できます。

CHAPTER 4
161
facebook ニュースフィード／タイムライン
アクティビティログで過去の投稿を確認する

アクティビティログとは、Facebookでの投稿やコメント、「いいね！」といったさまざまな行動履歴を時系列で表示したページです。履歴の絞り込みも可能で、各項目内のリンクをタップすれば、該当する投稿に移動できます。

アクティビティログを表示する

1 ≡ をタップして、「その他」画面を表示する

3 ［アクティビティログ］をタップ

2 自分のアカウント名をタップ

アクティビティログが表示される

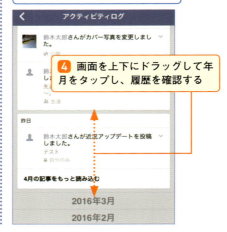

4 画面を上下にドラッグして年月をタップし、履歴を確認する

> アクティビティログは友達には公開されず、自分だけが閲覧することができます。

フィルタで表示範囲を絞り込む

●アクティビティログの表示範囲を絞り込む

1 P.264を参照して、「アクティビティログ」画面を表示する

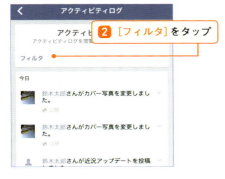

2 [フィルタ]をタップ

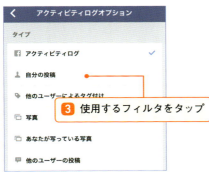

3 使用するフィルタをタップ

選択したタイプのアクティビティログだけが表示される

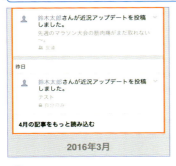

●特定の投稿をタイムラインから非表示にする

1 P.264を参照して、「アクティビティログ」画面を表示する

2 「アクティビティログ」画面で投稿右上のをタップ

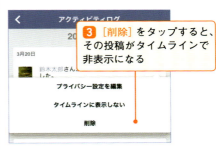

3 [削除]をタップすると、その投稿がタイムラインで非表示になる

HINT 検索履歴をクリアする

Facebookの検索履歴を削除したい場合は、P.227を参照して友達の検索画面を表示し、「最近の検索」の「編集」をタップして[検索をクリア]をタップします。

💡 アクティビティログは投稿のタイプのほか、共有範囲で絞り込むことも可能です。

CHAPTER 4
162
facebook ニュースフィード／タイムライン

企業などが開設したFacebookページを見る

Facebookページは、企業や店舗、団体などが情報を掲載したり、ユーザーとコミュニケーションを取るために開設しているページです。興味のあるキーワードで検索をして、「ページ」で絞り込みを行えばスムーズに探すことができます。

Facebookページを検索する

1 P.229を参照して、友達の検索画面を表示する

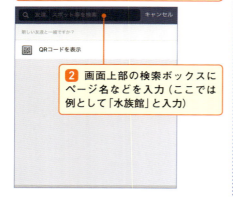

2 画面上部の検索ボックスにページ名などを入力（ここでは例として「水族館」と入力）

「他の結果を見る」画面が表示される

4 ［ページ］（Androidでは［Facebookページ］）をタップ

5 表示したいFacebookページをタップ

該当結果が表示される

3 検索結果下部の［さらに結果を表示］（Androidでは［「○○」に一致する結果をさらに検索］）をタップ

Facebookページが表示される

6 画面を上下にドラッグして、投稿を閲覧する

Facebookページで「人気投稿、写真、言及」をタップすると、写真などを集中して閲覧できます。

リアクションを取る

●レビューを書く

1 前ページを参照してFacebookページのタイムラインを表示し、□→[レビューを表示]をタップする

2 [レビューを書く]をタップ

3 星をタップして評価する

4 レビューを入力

5 [完了]をタップすると、レビューが投稿される

 レビューボタンがない？

Facebookページによっては、レビューに対応していないケースもあります。その場合は、[レビューを書く]ボタンが表示されません。

●投稿にコメントを付ける

1 投稿下部の[コメントする]をタップ

2 投稿を入力

3 [投稿する]（Androidでは▶）をタップすると、コメントが投稿される

COLUMN Facebookページに「いいね！」をつける

Facebookページに「いいね！」を付けたいときは、上部にある[いいね]ボタンをタップしてします。ボタンの色が青く変わり、以降は自分のフィード画面にFacebookページからのお知らせが表示されるようになります。

Facebookページの投稿をシェアして、自分の友達に紹介することも可能です（P.250参照）。

facebook Messenger

CHAPTER 4
163 友達とチャットする

友達と個別に連絡をとりたい場合は、「Messenger」アプリを利用します。Messengerを起動するとFacebookでつながっている友達が表示され、文字や写真のやりとりのほか、電話のように音声で会話をすることも可能となります。

Messengerアプリをインストールする

Messengerでやり取りしたメッセージは、自分の「フィード」画面や友達のタイムラインには表示されません。Messengerは初期設定だと利用できないので、まずは「フィード」画面からインストールしましょう。

iPhoneの場合

① P.238を参照して、「フィード」画面を表示する

② 左方向にスワイプする

「Messenger」アプリのインストール画面が表示される

③ [インストール] をタップ

④ [入手] をタップして、ボタンが [インストール] に変わったらタップしてインストールする

Androidの場合

① 画面上部の ≡ をタップし [その他] 画面を表示する

② [チャット] → [インストール] をタップしてインストールを完了させる

💡 インストール後は、連絡先などへのアクセスを許可し、初期設定を完了させましょう。

Messengerでやり取りする

● メッセージを送信する

Androidでは、ホーム画面からMessengerアプリを起動する

相手から通話がきたら、さらにメッセージを送ってやり取りする

HINT 音声通話やビデオ通話を行う

画面右上の📞や📹タップすると相手と音声かビデオで通話できます。音声通話とビデオ通話は、通話中に切り替えることも可能です。

COLUMN 絵文字や音声、現在地などを送る

メッセージ入力欄の下に表示されている各種アイコンをタップすると、写真やスタンプ、音声メッセージや位置情報などを送信できます。音声メッセージの場合は、マイクアイコンをタップして、[録音]ボタンを押しながらメッセージを入力します。位置情報なら、ピンのアイコンをタップして送信したい住所などを入力しましょう。

友達一覧の画面では、現在オンライン状態の友達は🟢が表示されます。

facebook Messenger

CHAPTER 4
164
Messengerでグループを作成する

Messengerで複数の友達と同時にメッセージをやり取りする場合は、「グループ」を作成すると便利です。グループに途中から友達を追加した場合、その友達は自分が追加される以前のメッセージも読むことができます。

グループを作成する

1 P.269を参照して、Messengerアプリを起動する

2 をタップ

Androidでは画面上部のをタップ

3 ［作成］（Androidでは画面右下の）をタップ

4 グループ名を入力

5 追加する友達をタップ

6 ［作成］（Androidでは［グループを作成］）をタップ

グループが作成される

270　　グループの作成画面では、カバー写真と同じ要領でアイコンに任意の写真を設定できます。

グループでやりとりする

●グループ内でメッセージを送信する

1 Messengerアプリを起動し、グループをタップ

2 画面下部の入力欄をタップ

3 メッセージを入力

4 ［送信］（Androidでは▶）をタップすると、メンバーにメッセージが送信される

●グループにメンバーを追加する

1 グループ名（Androidでは画面右上の ⓘ ）をタップ

2 ［他の人を追加］（Androidでは［連絡先を追加］）をタップ

［グループを退出］をタップすると、そのグループから脱退できる

3 追加する友達をタップ

4 ［完了］をタップすると、メンバーが追加される

Androidでは友達の名前を検索してタップし、［グループに追加］をタップする

💡 メッセージの下部には、そのメッセージを読んだ友達の名前が表示されます。

CHAPTER 4 165

facebook グループ

Facebookでグループを作成する

グループは、Facebookの特定の友達だけと投稿やコメントで交流できる場所です。簡単に作成できて、同じ趣味を持つ人同士が情報交換をしたり、実際のサークル活動などの連絡ツールとして使ったりと、さまざまな活用方法があります。

グループを作成する

1 ≡ をタップ

2 ［グループ］をタップ

3 ［+］をタップ

Androidでは、画面上部の≡をタップして、「グループ」の項目にある［グループを作成］をタップする

4 グループ名を入力

5 参加者を選択

6 ［次へ］をタップ

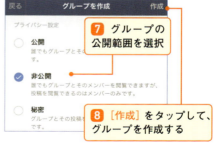

7 グループの公開範囲を選択

8 ［作成］をタップして、グループを作成する

> **HINT グループの公開範囲**
>
> 「プライバシー設定」画面では、グループをどこまで公開するかを選択できます。初期状態では、グループ名と参加者は誰でも見ることができるものの、投稿は参加者のみが閲覧可能な「非公開」が選択されています。

プライバシー設定で「秘密」のグループを選べば、グループ名や参加者も公開されません。

グループメンバーを追加・確認する

●グループにメンバーを追加する

1 「その他」画面で［グループ］→前ページで作成したグループ名をタップする

2 ［メンバーを追加］をタップ

3 追加するメンバーを選択

4 ［完了］をタップ

> **HINT グループに追加された場合**
> 友達が自分をグループに追加した場合、「お知らせ」で通知されると同時に、グループ一覧の「最近追加」にも表示されます。

●グループのメンバーを確認する

1 ［情報］をタップ

2 ［メンバー］をタップ

メンバーが表示される。友達の名前をタップすると、その人のタイムラインが表示される

右の手順2の画面で［お知らせの設定］をタップすると、グループの通知をオフにできます。

273

facebook グループ

グループに投稿する

グループに参加している友達との交流には、グループ内の投稿機能を使用します。通常の投稿と同様に写真を添付したりコメントを付けたりすることができ、参加しているグループの投稿は、自分の「フィード」画面に表示されます。

グループ内に投稿する

1 P.273を参照して、グループ画面を表示する

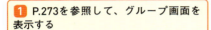

2 [何か書く…]をタップ

3 投稿文を入力

4 [投稿する]（Androidでは[投稿]）をタップ

グループへの投稿が完了する

HINT 投稿に写真を追加する

投稿欄右のカメラアイコンをタップすれば、写真を添付して投稿することができます。

「公開」グループに設定した場合は、グループ外の人に投稿を見られる可能性があります。

メンバーの投稿を確認・返信する

● 投稿を確認する

グループのメンバーが投稿すると、「お知らせ」タブにバッジが表示される

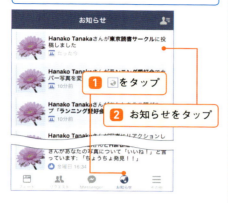

1 をタップ

2 お知らせをタップ

メンバーの投稿内容が表示される

3 [いいね！]や[コメントする]をタップして返信できる

> **HINT** 投稿に「いいね！」を付ける
>
> 投稿下部に表示された[いいね！]をタップすると表示が青に変わり、その投稿に「いいね！」を付けることができます。
>
>

● 投稿に返信する

1 投稿下部の[コメントする]をタップ

2 コメントを入力

3 [投稿する]（Androidでは ▶ ）をタップ

コメントが投稿される

グループの投稿の下部の「既読」には、その投稿を呼んだメンバーの数が表示されます。

275

facebook グループ

CHAPTER 4
167 グループを編集する

グループの設定は必要に応じて変更できます。カバー写真のほか、グループ名やプライバシー設定を変更することや、グループの目的を表示するグループタイプを追加することも可能です。変更内容はグループのメンバーに通知されます。

カバー写真を変更する

1 P.273を参照してグループ画面を表示する

2 カバー写真右下の 📷 （Androidでは最上部の［カバー写真を追加］）をタップ

4 保存先のアルバムをタップし、使用する写真をタップ

3 ［写真をアップロード］をタップ

カバー写真が変更される

変更前のカバー写真は、グループの「情報」画面で見ることができます。

276

グループのタイプを変更する

1 P.273を参照してグループ画面を表示する

2 [情報]をタップ

3 [グループの設定を編集]をタップ

4 [グループタイプを選択]をタップ

5 グループのタイプをタップ

6 [保存]をタップ

グループタイプが設定される

> **HINT** グループ名や説明文を変更する
>
> 手順**4**の画面で[名前と説明の編集]をタップすると、グループ名と説明文を変更することができます。
>
>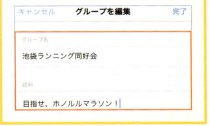

グループのタイプには、血縁・地縁関係や、行事・プロジェクトなどの項目が用意されています。

277

CHAPTER 4 168

facebook グループ

グループへの参加を承認制にする

初期設定では、グループの参加者全員が、友達をメンバーに追加できる状態になっています。新メンバーの参加を承認するかどうかを管理者が判断したい場合は、管理者によるリクエスト承認をオンにしましょう。

リクエストを承認制にする

1 P.273を参照してグループ画面を表示する

2 [情報]をタップ

3 [グループの設定を編集]をタップ

4 [管理者がリクエストを承認する]のをタップしてオンに切り替える（Androidではチェックを付ける）

HINT 管理者を追加する

グループ作成者以外のメンバーを管理者にするには、「メンバー」画面で友達の名前を長押しして、表示されるメニューから[管理者にする]をタップします。

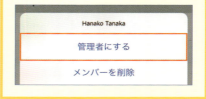

秘密のグループ以外では、検索でグループを見つけた人が参加する場合もあります。

CHAPTER 4
169

facebook グループ

グループへの投稿を承認制にする

グループの本題に関係のない投稿を制限したい場合などは、投稿の掲載前に管理者が確認するようにするといいでしょう。また、メンバーからの投稿そのものを禁止したいときは、[投稿できるのは管理者のみ]をオンにしましょう。

投稿を承認制にする

1 P.273を参照してグループ画面を表示する

2 [情報]をタップ

4「管理者が投稿を承認する」の◯をタップしてオンに切り替える（Androidではチェックを付ける）

3 [グループの設定を編集]をタップ

HINT 投稿の承認を行う

投稿を承認制にした場合、グループに投稿があると管理者の「お知らせ」画面に表示されます。管理者は通知をタップして管理画面に移動し、承認または削除の操作を行いましょう。

管理者が投稿を承認すると、投稿者の「お知らせ」画面に通知されます。

279

facebook グループ

グループを退会する

Facebookグループへのメンバー追加は本人の承認を必要としないため、興味のないグループや自分には関係のないグループに勝手に追加されてしまうケースもあります。そのような場合にはグループを退会することができます。

グループを退会する

1 P.273を参照してグループ画面を表示する

2 ［情報］をタップ

3 ［グループを退出］をタップ

4 ［確認］をタップしてグループを退出する

COLUMN グループを報告する

嫌がらせ目的でグループに追加された場合や、問題のある内容のグループに追加された場合には、手順**3**の画面で［グループを報告］をタップし、退会と同時にそのグループをFacebookに報告することができます。

パソコン版のFacebookでは、退会後の他のメンバーによる再追加を禁止することができます。

facebook 関連アプリ

CHAPTER 4
171

Facebookの関連アプリを利用する

Facebookには、操作をより便利にするためのアプリがリリースされています。ここでは、訪問履歴を調べる「My Top Fans」、写真を加工する「Cover Photo Maker for Facebook」、グループを管理する「Facebook Groups」の3つをご紹介します。

●足跡を調べる

「My Tpo fans」は、自分のタイムラインをよく見ている友達をランキング形式で表示できます。無料版ではランキングの一部、250円の有料版では上位20位までを見ることができます。

 MyTopFans Pro
開発者：Dixapp srl
価　格：250円〜

●タイムラインの写真をオシャレにする

「Cover Photo Maker for Facebook 無料版」は、複数の写真を組み合わせたカバー写真を簡単に作成できます。作成後はP.223を参照して、カバー写真変更の操作を行いましょう。

 Cover Photo Maker for Facebook 無料版
開発者：Bennett Hui　価格：無料

●グループをより簡単に管理する

「Facebook Groups」は、複数のグループを管理する場合に便利なアプリです。グループからのお知らせの確認や通知などの設定をまとめて行えるほか、新規作成やグループの検索も可能です。

 Facebook Groups
開発者：Facebook, Inc.
価　格：無料

上記のアプリのほか、Twitterなどと連携するとFacebookがより便利になります（P.308参照）。

281

CHAPTER 4
172 ログイン用の
パスワードを変更する

facebook セキュリティ／プライバシー

Facebookのパスワードは、定期的に変更を行うと安全性が高まります。できるだけ他人に推測されにくいものを設定しましょう。 パスワード変更後に再度Facebookにログインするときは、新しく設定したパスワードが必要になります。

パスワードを変更する

> Androidでは、画面上部の三をタップして［アカウント設定］をタップする

282 パスワードにはFacebookで公開している誕生日などを使用しないようにしましょう。

5 ［パスワード］をタップ

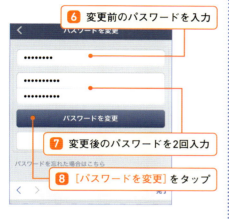

6 変更前のパスワードを入力

7 変更後のパスワードを2回入力

8 ［パスワードを変更］をタップ

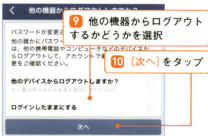

9 他の機器からログアウトするかどうかを選択

10 ［次へ］をタップ

HINT　他の機器からのログアウト

［他のデバイスからログアウトしますか？］を選択すると、他のスマートフォンやパソコンで使用しているFacebookからログアウトされます。再度ログインするときは、新しいパスワードを使用しましょう。

●パスワードをリセットする

1 左の手順で「一般」画面を表示する

2 ［パスワード］をタップ

3 ［パスワードを忘れた場合はこちら］をタップ

4 ［次へ］をタップすると、登録したメールアドレスにパスワード再設定用のコードが送信される

再設定コードが送られるメールアドレスは、Facebookのアカウント登録時に入力したものです。

283

facebook セキュリティ／プライバシー

CHAPTER 4
173

2段階認承を設定する

ログイン承認は、初めて使用するスマートフォンやパソコンからFacebookにログインしようとしたときに、セキュリティコードの入力を求める機能です。他の人がパスワードを推測して勝手にログインすることを防ぐ効果があります。

2段階承認を行う

1 P.282を参照して、設定メニューを表示する

2 ［アカウント設定］をタップ

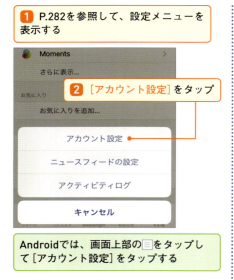

Androidでは、画面上部の≡をタップして［アカウント設定］をタップする

3 ［セキュリティ］をタップ

4 ［ログイン承認オン］をタップ

5 パスワードを入力

6 ［次へ］をタップすると2段階認承が設定される

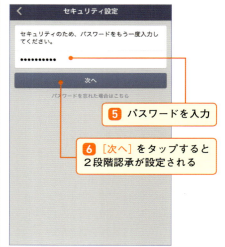

284　新しい機種でのログイン後は、その機器を保存すれば次回から承認が不要になります。

facebook セキュリティ／プライバシー

CHAPTER 4 174 連絡先のアップロードを中止する

連絡先のアップロードを行うと、端末の連絡先に登録している人がFacebookを利用していた場合に「知り合いかも？」に表示されるようになります。この機能が不要な場合には、一度アップロードした連絡先を削除しましょう。

連絡先の設定をオフにする

1 P.284を参照し、「アカウント設定」画面を表示する

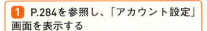

2 ［一般］をクリック

3 ［連絡先をアップロード］をタップ

4 ［連絡先をアップロード］をオフにする

5 ［オフにする］をタップ

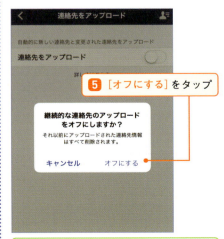

Androidでは、画面上部の□をタップして［アプリの設定］から［継続的な連絡先のアップロード］をオフにする

連絡先を再度連携したい場合は、［リクエスト］からアップロードします（P.234参照）。

285

CHAPTER 4 175 facebook セキュリティ／プライバシー
不正ログインされていないか確認する

万一ログインのパスワードが漏えいしてしまうと、知らないうちに自分のアカウントでFacebookにログインされてしまう可能性があります。気になるときは、「進行中のセッション」でログイン中の機種やアクセスしている場所を確認しましょう。

進行中のセッションをオフにする

1 P.282を参照して、設定メニューを表示する

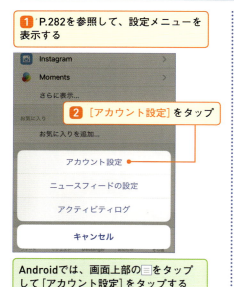

2 ［アカウント設定］をタップ

Androidでは、画面上部の≡をタップして［アカウント設定］をタップする

3 ［セキュリティ］をタップ

4 ［進行中のセッション］をタップ

5 現在ログインしている機種が表示される

HINT セッションを終了する

アクセスした覚えのない端末や場所が表示された場合は、右側の［×］をタップしてセッションを終了させましょう。不正アクセスした端末が強制的にログアウトされます。

進行中のセッションには、アクセス日時と地域名、使用したOSなどが表示されます。

CHAPTER 4
176

facebook セキュリティ／プライバシー

写真を自動でFacebookに保存されないようにする

Android版Facebookには、スマートフォンで撮影した写真を自動的にアップロードする同期機能が用意されており、アップロードされた写真は自分だけが閲覧できる状態で保存されます。必要に応じてこの機能をオフにすることも可能です。

写真の同期をオフにする（Android版のみ）

1 画面右上の ≡ をタップ
2 ［アプリの設定］をタップ
3 ［写真は同期しています］をタップ

4 チェックの入っている項目をタップ

5 ［オフにする］をタップ

HINT 同期がオフになっている場合
この項目に「オフ」と表示されている場合は、同期されない状態になっているので、改めて設定を行う必要はありません。

自動同期された写真は、自分のタイムラインの「写真」から確認できます。

CHAPTER 4
177 プライバシーを保護するための設定を行う

facebook セキュリティ／プライバシー

Facebookには、セキュリティやプライバシーに関するさまざまな機能が用意されており、必要に応じて設定すればより安心して利用できます。なお、Androidの場合は、「その他」画面の［アカウント設定］からこれらの設定を行えます。

Facebookのセキュリティを強化する

● 全投稿の公開範囲を制限する

1 P.284を参照し「設定」画面の［プライバシー］をタップする

2 ［友達の友達とシェアまたは～］をタップ

3 ［共有範囲を変更］→［確認］をタップして公開範囲を制限する

● 友達リクエストを送れる人を制限する

1 P.284を参照し「設定」画面の［プライバシー］をタップする

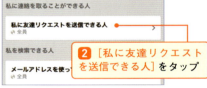

2 ［私に友達リクエストを送信できる人］をタップ

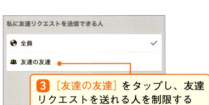

3 ［友達の友達］をタップし、友達リクエストを送れる人を制限する

 「信頼できる友人」を設定する

アカウント乗っ取りへの対策を行いたいときは、「信頼できる友人」を設定するとよいでしょう。万一の事態に遭っても、この「信頼できる友人」から送られたセキュリティコードを入力することで、自分のアカウントにアクセスできます。P.286を参照して［セキュリティ］→［信頼できる連絡先］→［友達を追加］をタップして、設定を行いましょう。

上記の左の手順では、過去の投稿のみ、共有範囲が、「友達」に一括で設定されます。

●自分を検索できる人を制限する

初期状態では誰でもメールアドレスや電話番号から自分を検索することができますが、この検索される相手をあとから制限できます。

1 P.284を参照し「アカウント設定」画面を表示する

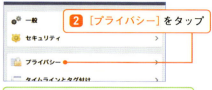

2 ［プライバシー］をタップ

Androidでは、画面上部の□をタップして［アカウント設定］→［プライバシー］をタップする

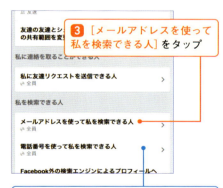

3 ［メールアドレスを使って私を検索できる人］をタップ

［電話番号を使って私を検索できる人］をタップすると、電話番号による検索を制限できる

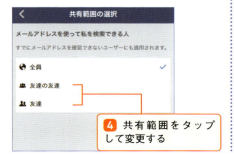

4 共有範囲をタップして変更する

●ニュースフィードのスポット情報をオフにする

1 P.282を参照し「アカウント設定」画面を表示する

2 ［位置情報］をタップ

Androidでは、画面上部の□をタップして［アカウント設定］→［位置情報］をタップする

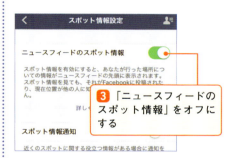

3 「ニュースフィードのスポット情報」をオフにする

HINT Googleで検索されないようにする

初期状態のFacebookは、Googleなどからの検索エンジンで、自分のプロフィールを検索できます。もし検索されたくない場合は、左の手順**3**の画面［Facebook外の〜許可しますか？］のチェックを外しましょう。

> スポット情報とは、フィードの投稿時に現在地の情報を取得するための機能です。

289

CHAPTER 4
178

facebook セキュリティ／プライバシー

特定の友達をブロックする

Facebookでつながりたくない相手と誤って友達になってしまったときは、ブロックを利用しましょう。ブロック後は友達の一覧から削除され、互いの投稿やタイムラインの閲覧、タグ付け、メッセージの送受信などが一切できなくなります。

友達をブロックする

1 P.249を参照して、ブロックしたい友達のタイムラインを表示する

2 ［その他］をタップ

3 ［ブロック］（Androidでは［ブロックする］）をタップ

4 ［ブロックする］をタップ

HINT 友達からブロックされた場合

友達が自分をブロックすると、その友達の投稿やコメントが表示されなくなります。また、名前などを検索してタイムラインにアクセスしようとした場合にはエラー画面が表示されます。

ブロック後は、その友達の過去の投稿やコメントも閲覧できなくなります。

ブロックした友達を確認する

1 ≡をタップ
2 [設定]をタップ

3 [アカウント設定]をタップ

Androidでは、画面上部の□をタップして[アカウント設定]をタップする

4 [ブロック]をタップ

5 ブロック中の友達が表示される

> **HINT ブロックを解除する**
>
> ブロックをやめるには、ブロック中の友達の名前が表示された画面で[ブロックを解除]をタップして、次の画面で再度[ブロックを解除]をタップします。
>
>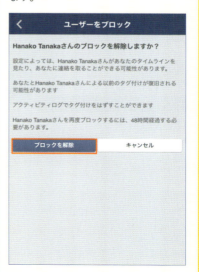

⚠ ブロックを解除しても友達一覧からは消えたままです。P.227を参照して、再検索しましょう。

CHAPTER 4
179 各種通知を減らす

facebook セキュリティ／プライバシー

Facebookでは、友達の誕生日や自分の過去の投稿なども通知されます。これらのお知らせが不要な場合は設定をオフにしましょう。また、「お知らせの受け取り方」では、それぞれの方法で受け取る通知内容も選択できます。

通知の種類を減らす

1 P.282を参照して、設定メニューを表示する

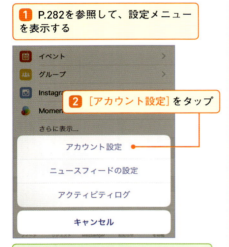

2 ［アカウント設定］をタップ

Androidでは、画面上部の≡をタップして［アカウント設定］をタップする

3 ［お知らせ］をタップ

4 中止したいお知らせの種類をタップ

画面上部の「お知らせの受け取り方」から、通知の受信方法などを変更できる

5 タップしてチェックマークを外すと、通知が届かなくなる

グループからのお知らせは、作成したグループごとに通知のオン／オフを設定できます。

CHAPTER 4
180

facebook セキュリティ／プライバシー

タイムラインに投稿できる人を制限する

初期設定では、タイムラインに投稿できるのは自分と友達だけです。しかし、友達にタイムラインへの投稿を許可することによって、必要のない投稿が多数掲載されてしまう可能性もあります。その場合は、投稿を自分のみに制限しましょう。

自分だけが投稿できるようにする

1 P.282を参照して、設定メニューを表示する

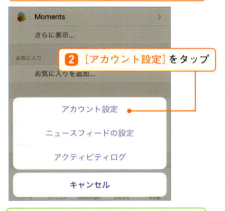

2 ［アカウント設定］をタップ

Androidでは、画面上部の□をタップして［アカウント設定］をタップする

3 ［タイムラインとタグ付け］をタップ

「タイムラインとタグ付け」画面が表示される

4 ［あなたのタイムラインに投稿できる人］をタップ

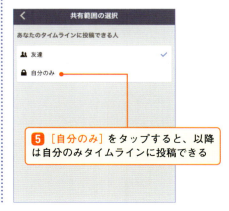

5 ［自分のみ］をタップすると、以降は自分のみタイムラインに投稿できる

個人的な連絡は、タイムラインの投稿にコメントするのではなくMessengerを使用しましょう。

CHAPTER 4 181

facebook セキュリティ／プライバシー

自分の写真が掲載される前に確認する

友達があなたをタグ付けした写真を投稿するとき、設定を変更することで、その写真をあなたのタイムラインにも表示するか、事前に確認できるようになります。写真を表示したくない場合は、設定をオンに切り替えましょう。

自分のタグ付けを制限する

1 P.282を参照して「設定」画面を表示する

2 ［プライバシー］をタップ

> Androidでは、画面上部の☰をタップして［アカウント設定］→［プライバシー］をタップする

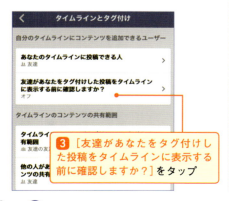

3 ［友達があなたをタグ付けした投稿をタイムラインに表示する前に確認しますか？］をタップ

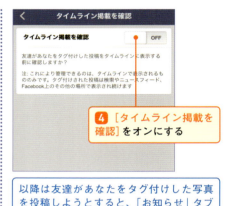

4 ［タイムライン掲載を確認］をオンにする

> 以降は友達があなたをタグ付けした写真を投稿しようとすると、「お知らせ」タブに通知が表示される

5 P.264を参照してアクティビティログを表示し、通知右上の▽をタップ

6 ［タイムラインに表示］か［報告］をタップする

［報告］をタップすると、相手にタグの削除を求めたり、スパムとして報告できます。

CHAPTER 4
182

facebook セキュリティ／プライバシー

自分の写真の共有範囲を制限する

友達が写真に自分をタグ付けした場合、その写真は自分のタイムラインに掲載されます。このときの公開範囲は自由に変更できます。タグの削除を求めるほどではない、前述の方法でそのつど確認するのが手間だという場合に活用しましょう。

写真の共有範囲を制限する

1 P.284を参照して、設定メニューを表示する

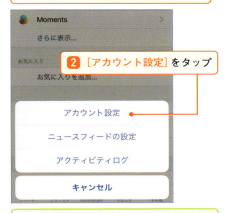

2 ［アカウント設定］をタップ

Androidでは、画面上部の■をタップして［アカウント設定］をタップする

3 ［タイムラインとタグ付け］をタップ

「タイムラインとタグ付け」画面が表示される

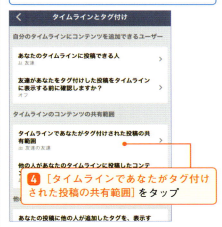

4 ［タイムラインであなたがタグ付けされた投稿の共有範囲］をタップ

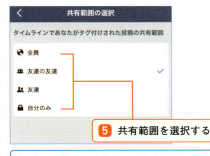

5 共有範囲を選択する

［自分のみ］を選択すると、自分がタグ付けされた写真は自分のタイムライン上では表示されるが非公開の投稿となる。相手のタイムラインにはそのまま表示される

! 写真ではなく投稿本文にでタグ付けされた場合も、設定した共有範囲が適用されます。

295

CHAPTER 4

183

facebook セキュリティ／プライバシー

ほかの人に追加された タグを管理する

自分が投稿した写真に対して、友達がタグ付けを行うことも可能です。自分の写真にタグ付けが行われた場合に確認したい場合は、設定をオンに切り替えましょう。なお友達以外の人にタグ付けされた場合は、常に確認が行われます。

タグを管理する

1 P.295を参照して、「タイムラインとタグ付け」画面を表示する

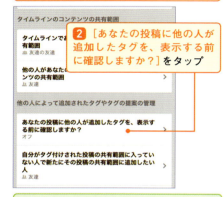

2 ［あなたの投稿に他の人が追加したタグを、表示する前に確認しますか？］をタップ

Androidでは、画面上部の☰をタップして［アカウント設定］→［タイムラインとタグ付け］→［あなたの投稿に～］をタップする

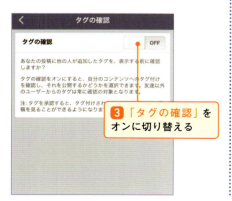

3 ［タグの確認］をオンに切り替える

設定をオンに切り替えたあと、友達が自分の写真にタグ付けすると「お知らせ」タブに通知が届く

4 ［お知らせ］→通知をタップ

5 ［タグを追加］か［承認しない］のどちらかを選択する

手順**1**の画面の［あなたと思われる～］で、自分の写真へのタグ付け提案を非表示にできます。

CHAPTER 4
184

facebook セキュリティ／プライバシー

ほかのアプリとの連携を解除する

Facebookと連携して使用するアプリの中には、Facebookのデータを利用しているものがあります。現在連携中のアプリや使用しているデータの確認、不要になったアプリとの連携解除などは、「アプリとウェブサイト」から行えます。

アプリとの連携を解除する

1 ≡をタップ
2 ［設定］をタップ

4 ［アプリ］をタップ

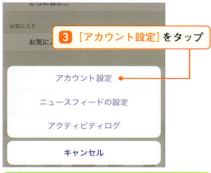

3 ［アカウント設定］をタップ

Androidでは、画面上部の≡をタップして［アカウント設定］をタップする

HINT アプリの招待を受けとりたくない場合

Facebookアプリやゲームの招待を受けとりたくない場合は、「アプリとウェブサイト」画面で［プラットフォーム］をタップして、「ゲームの招待とアプリのお知らせ」で［いいえ］を選択しましょう。

使用中の連携アプリはときどき確認して、不要なものを削除していくとよいでしょう。

297

「アプリとウェブサイト」画面が表示される

5 [Facebookでログイン]をタップ

6 アプリ名をタップ

アプリの設定画面が表示される

7 [アプリを削除]をタップ

> **HINT** アプリの共有範囲を変更する
>
> アプリが取得した情報を共有する範囲を変更したい場合は、手順**7**の画面上部で[アプリの共有範囲]をタップして共有範囲を選択してください
>
>

8 [削除]をタップすると、Facebookとの連携が解除される

> **HINT** 不正なアプリを報告する
>
> アプリの設定画面の[アプリを報告]からは、問題のあるアプリをFacebookに報告できます。問題内容をタップして、表示される手順にしたがって報告しましょう
>
>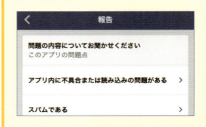

「共有する情報」のリストからは、アプリで使用する情報を選択できます。

CHAPTER 4
185

facebook セキュリティ／プライバシー

ほかのアプリが取得できる情報を変更する

Facebookと連携するアプリやゲームには、ユーザーの友達のプロフィール情報などを使用するものがあります。自分の友達がこのようなアプリを使用している場合に、情報の使用を許可するかどうかをあらかじめ選択できます。

アプリの取得情報を制限する

1 P.282を参照して、設定メニューを開く

2 ［アカウント設定］をタップ

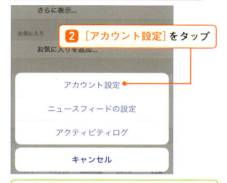

Androidでは、画面上部の□をタップして［アカウント設定］をタップする

3 ［アプリ］をタップ

4 ［他のユーザーが使用しているアプリ］をタップ

5 アクセスを許可する情報をタップし、チェックを付けるか外す

6 ＜をタップして前の画面に戻る

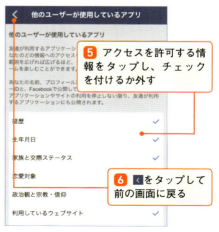

情報を使用されることに抵抗がある項目は、一通りチェックを外しておくとよいでしょう。

299

CHAPTER 4 186

facebook セキュリティ／プライバシー

ほかのアプリでFacebook アカウントを使用しない

ほかのアプリやウェブサイトとの連携機能を一切使用しない場合は、プラットフォームをオフにします。これによって、Facebookアカウントを使ったウェブサイトへのログインや、アプリを使った友達との交流はできなくなります。

Facebookアカウントの連携を解除する

1 P.297を参照して、「アプリとウェブサイト」画面を表示する

2 [プラットフォーム]をタップ

Androidでは、画面上部の☰をタップして[アカウント設定]→[アプリ]→[プラットフォーム]をタップする

3 「編集」をタップ

4 [プラットフォームの利用を停止]をタップ

プラットフォームの設定がオフに変更される

利用を再開するときは、再度[プラットフォーム]から設定しましょう。

CHAPTER 4
187

facebook セキュリティ／プライバシー

Facebookの利用を中止する

Facebookの利用を中止する場合は、利用解除を行います。これによって、他のユーザーが自分のタイムラインを見ることはできなくなります。なお、解除後もプロフィールや友達などの情報はFacebook内で保存されており再開も可能です。

Facebookアカウントを利用解除する

1 ≡をタップ　　**2** ［設定］をタップ

4 ［セキュリティ］をタップ

3 ［アカウント設定］をタップ

Androidでは、画面上部の≡をタップして［アカウント設定］をタップする

HINT アカウントからログアウトする

現在使用している機種ではFacebookを利用しなくなるけれどFacebook自体は継続して利用するという場合は、「その他」画面最下部の［ログアウト］をタップしてください。ログアウト後にFacebookアプリを起動すると、メールアドレスやパスワードを入力する画面が表示され、すぐにニュースフィードを見ることができない状態になります。

利用解除をすると、他のユーザーが自分を検索することもできなくなります。

> **COLUMN アカウントを完全に削除する**
>
> アカウントの利用解除を行った場合でも登録情報は保存されており、必要な時に利用を再開できます。これらの情報を完全に削除したい場合は、Facebookに削除を依頼する必要があります。
> 依頼方法については、Facebookヘルプセンターの「自分のアカウントを完全に削除するにはどうすればよいですか。」というページに記載されています。「その他」画面の「ヘルプとサポート」からヘルプセンターを表示し、検索ボックスに「アカウントを完全に削除」などと入力することで、説明ページを表示できます。
>
> **自分のアカウントを完全に削除するにはどうすればよいですか。**
>
> Facebookを再度利用すると考えていない場合は、アカウントを完全に削除することを要求できます。アカウントを削除した場合は、後で再登録したり、登録解除する前に追加した内容を取得したりできなくなりますので、ご注意ください。削除を実施する前に、Facebookからあなたの情報のコピーをダウンロードすることができます。そこで、アカウントを復元できないように完全に削除する場合は、アカウントにログインしてFacebookにご連絡ください。

💡 利用を再開する場合は、解除前のメールアドレスとパスワードでログインします。

CHAPTER 5
連携技を
使いこなす

連携 Instagramと各SNS

CHAPTER 5
188
Instagramの写真を他のSNSに投稿する

Instagramの写真は、タイムラインだけではなく、FacebookやTwitterなどにも投稿することができます。Instagramで綺麗に加工した写真を各SNSに投稿すれば、友だちからより多くの「いいね！」やコメントがもらえるでしょう。

各SNSに写真を投稿する

1 Instagramを起動し、画面右下のプロフィール写真→ ⚙ →［リンク済みアカウント］をタップして、「シェア設定」画面を表示する

2 各SNSアカウントをタップし、メールアドレスやパスワードを入力して連携を完了させる

3 P.133を参照し、Instagramで写真の投稿画面を表示する

4 各SNSの項目をタップ

5 ［シェア］をタップ

手順**4**で「Facebook」を選択すると、「フィード」画面にInstagramの写真が投稿される

手順**4**で「Twitter」を選択すると、タイムラインにInstagramの写真のURLが投稿される

> **HINT** SNSとの連携を解除する
>
> SNSとの連携を解除したい場合は、👤→ ⚙ →［リンク済みアカウント］をタップして「シェア設定」画面を表示したあと、［Facebook］などの項目をタップして［リンクを解除］をタップしましょう。

❗ Facebookなどとシェアする場合でも、Instagramのタイムラインには同じ写真が投稿されます。

CHAPTER 5
189

連携 Instagramと各SNS

Instagramの写真を
LINEに投稿する

「Instagramの写真をLINEで共有したい！」という場合は、その写真のURLをタイムラインやトークの入力欄に貼り付けましょう。Instagramでフォローした他のユーザーの写真も、この方法でLINEの友だちと共有することができます。

Instagramの写真をLINEで共有する

1 P.133を参照し、Instagramのタイムラインを表示する

2 気になった写真の（Androidでは、）をタップ

3 [URLをコピー]をタップ

自分の写真を共有する場合は、[シェア]→[リンクをコピー]をタップする

4 P.91を参照し、LINEのタイムラインの投稿画面を表示する

5 → 入力欄を長押ししてURLをペーストする

6 [確認]をタップ

LINEのタイムラインに、Instagramの写真が投稿される

HINT トークにInstagramの写真を投稿する

Instagramの写真のURLをコピーしたあと、友だちとのトークルームを表示します。そのあと投稿の入力欄にURLをペーストし、[投稿]をタップしましょう。

手順**3**の画面からでも、FacebookやTwitterにInstagramの写真を投稿することができます。

CHAPTER 5
190 複数のSNSのアカウントを一括管理する

連携　各SNSのアカウント管理

FacebookやInstagram、Twitterを同時に利用している場合は、「Hootsuite」というアプリを使えば1つのアプリで各SNSを利用できます。アプリの切り替えのためにいちいちホーム画面に戻る必要がなく、投稿の手間も軽減されます。

HootsuiteでSNSのアカウントを管理する

Hootsuiteを利用すれば、FacebookやInstagram、Twitterのタイムラインなどを1つの画面から見ることができます。メッセージの投稿も、投稿先のSNSを選択して、本文を入力するだけで簡単に行えるようになります。

Hootsuite
開発者：Hootsuite Media Inc.
価　格：無料

● Hootsuiteで各SNSアカウントを確認する

❶「Hootsuite」アプリをインストールし、ホーム画面から起動する

❷ ［アカウントを作成する］をタップ

❸ 使い方の画面が表示されたら左方向へ順にスワイプする

❹ メールアドレスとパスワードを入力

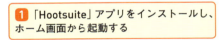
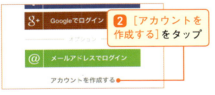

❺ ［アカウントを作成する］をタップ

❻ 任意のSNSを選択する

❼ アカウントとパスワードを入力

❽ ［連携アプリを認証］をタップ

❾ 以降は画面の指示に従いSNSと連携する

Hootsuiteアカウントのパスワードには、必ず1文字以上の大文字を入れましょう。

10 手順 **6**〜**8** の操作を繰り返し、HootsuiteにSNSアカウントを追加する

「Hootsuite」の初期設定が完了する

11 ［完了］をタップ

各SNSに用意されている項目をタップすると、タイムラインや「いいね」がついた投稿などを確認できる

Hootsuiteで各SNSに投稿する

1 ✎をタップして「メッセージ作成」画面を表示する

2 ［SNSを選択］をタップ

5 投稿内容を入力

6 ［送信］（Androidでは▶）をタップ

3 投稿したいSNSをタップする。複数のSNSを選択することも可能

4 ［完了］をタップ

選択したSNSに投稿される

💡 「メッセージ作成」画面で📅をタップし、任意の日時を指定すると予約投稿できます。

307

CHAPTER 5
191

連携 TwitterとFacebook

Twitterの投稿内容をFacebookにも表示させる

同じ内容をTwitterとFacebookで別々に投稿するのが面倒な場合は、両者を連携させましょう。設定が完了すると、Twitterに投稿したツイートが、Facebookの「フィード」画面やタイムラインにも自動で表示されるようになります。

ツイートをFacebookに表示する

① P.11～14を参照して「Chrome」をインストールして起動したあと、「https://twitter.com/」にアクセスする

② をタップ

③ [PC版サイトを見る]をタップ

パソコン版のTwitterの公式サイトが表示される

④ 画面右上のアカウントアイコン→[設定]をタップ

⑤ [アプリ連携]をタップ

⑥ [Facebookと連携する]をタップ

Facebookにログインしていない場合は、手順⑥のあとでFacebookのアカウント情報を入力しましょう。

Facebookのログイン画面が表示される

7 取得情報を確認して[OK]をタップ

8 公開範囲を設定

9 [OK]をタップ

公開範囲は、「公開」「友達」「自分」の3つから選ぶことができる

Facebookとの連携が完了する

10 P.177を参照し、Twitterでタイムラインの投稿画面を表示する

11 投稿内容を入力

12 [ツイート]をタップ

Twitterに投稿したツイート内容が、Facebookの「フィード」画面やタイムラインにも表示される

💡 Facebookとの連携は、「アプリとの連携」で[接続を解除する]をタップして解除します。

309

CHAPTER 5
192

連携 LINEとFacebook

LINEとFacebookを連携させる

LINEのアカウント取得時に電話番号を利用した場合は、あとからFacebookと連携させることができます。設定が完了すると、Facebookで投稿した内容を、LINEのタイムラインやトークにも投稿できるようになります。

LINEとFacebookを連携する

1 ホーム画面からLINEを起動し、「その他」画面を表示する

2 ［設定］をタップ

「設定」画面が表示される

3 ［アカウント］をタップ

4 ［連携する］をタップ

Facebookのログイン画面が表示される

5 Facebookの取得情報を確認して、［OK］をタップすると連携が完了する

設定後、手順**4**の画面で［連携解除］をタップすればFacebookとの連携を解除できます。

Facebookの投稿をLINEに表示する

1 P.248を参照し、Facebookの自分のタイムラインを表示する

2 [シェア]をタップ

3 [リンクをコピー]をタップし、投稿内容のURLを取得する

4 P.91を参照し、LINEのタイムラインの「投稿」画面を表示する

5 🔗をタップ

6 [リンク追加]をタップ

7 リンクをペーストする

8 [確認]をタップ

9 [完了](Androidでは✓)をタップ

Facebookの投稿がLINEのタイムラインに表示される

COLUMN Facebookの投稿内容をトークルームに表示する

手順**6**でリンクを取得したあと、LINEのトークルームを表示してリンクをペーストすれば、Facebookの投稿内容をトークで送れます。ただし、前ページでFacebookとの連携を行っていないと、タイムラインやトークでURLをペーストしてもリンク先のFacebookのページにはアクセスできないので注意しましょう。

連携したあとも、LINEのトーク内容などをFacebookへ自動的に送ることはできません。

CHAPTER 5
193

連携 スマートフォンの共通設定

各種通知が表示されないようにする

LINEやFacebookなどのSNSを複数利用していると、メッセージの受信機会が多くなり、スマートフォンに表示される通知も必然的に増えます。もし頻繁に届く通知が煩わしい場合は、スマートフォン側の設定で通知をオフに切り替えましょう。

通知をオフにする

iPhoneの場合

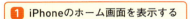

1 iPhoneのホーム画面を表示する

2 [設定]をタップ

3 [通知]をタップ

4 通知をオフにしたいSNSをタップ

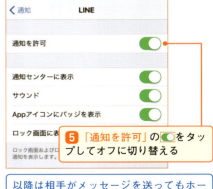

5 「通知を許可」の○をタップしてオフに切り替える

以降は相手がメッセージを送ってもホーム画面に通知が表示されなくなる。SNSを起動すると、通知が届く

312　アプリの通知をオフにすれば、スマートフォンのバッテリーを節約することもできます。

Androidの場合

1 Androidのアプリケーション画面を表示する

2 [設定]をタップ

3 [音と通知]をタップ

4 [アプリの通知]をタップ

5 通知をオフにしたいSNSをタップ

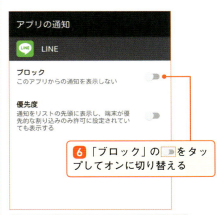

6「ブロック」の をタップしてオンに切り替える

以降は相手がメッセージを送ってもホーム画面に通知が表示されなくなる。SNSを起動すると、通知が届く

> **COLUMN 通知の表示形式を変更する**
>
> iPhoneの場合、通知の表示形式を各アプリごとに変更することができます。[設定]アプリ→[アプリ名]で、「ロックされていないときの通知のスタイル」から、任意の表示方法を選択しましょう。

手順6「アプリの通知」で「優先度」をオンにすると、通知が上位に表示されます。

313

連携 その他Q&A

CHAPTER 5
194 気になる疑問の対応策をおさえる

これまでさまざまなSNSの操作方法を解説してきましたが、いざ使いはじめるといろいろな疑問が湧いてくることもあるかと思います。ここでは、そうした代表的な疑問の対応策や、紹介しきれなかった各種アプリの最新機能などを紹介します。

●通信制限がかかってしまった

スマートフォンはキャリアのプランなどによって、月にやり取りできるデータ量（通信量）が決められており、これを超えると極端に通信速度が落ちてしまいます。その場合はキャリア以外のネットワークである、Wi-Fiに接続しましょう。

1 ［設定］→［Wi-Fi］をタップしてオンに切り替えたあと、ネットワークを選択する

●格安スマホって何？

格安スマホとは、キャリアのネットワークを間借りすることで、通常よりも通信費などを安くした端末のことです。格安スマホでもSNSは利用できますが、端末によって、電話番号が必要なLINEの機能（ID検索など）を使えない場合があります。

格安スマホの詳細は、事業者（MVNO）の公式サイトでよく確認しておく

●LINE MOBILEって何？

LINEが提供する格安スマホが、LINE MOBILEです。通信量が無制限でLINE、Facebook、Twitterを利用でき、月額のプランは最安で500円と発表されています。LINE MOBILEは2016年夏に発売される予定です。

314　　Wi-Fi接続に必要なパスワードは、Wi-Fiルーター（Wi-Fiの接続装置）などに記載されています。

● アプリの画面構成が勝手に変わってる？

初期状態のiPhoneやAndroidでは、アプリの自動更新が自動でオンになっており、特に操作しなくてもアプリのバージョンが更新され、画面構成が変わることがあります。通信量を削減したいときなどには、この機能をオフに設定しましょう。

1 [設定]→アプリ名→[Appのバックグラウンド更新]をタップしてオフにする

AndroidではPlay Store右上の≡→[設定]→[アプリの自動更新]をタップしてオフにする

● Instagramのタイムラインに動画は投稿できないの？

Instagram単体では写真だけしか投稿できませんが、BOOMERANGをインストールすることで、数秒間の動画を投稿できます。BOOMERANGはInstagramの投稿画面からインストールすることが可能です。

1 Instagramの投稿画面で∞をタップして、BOOMERANGをインストールする

● LINE Cameraの動くスタンプってどんな機能？

LINE関連アプリの「LINE Camera」では、撮影をするときに相手や自分の顔を自動認識してさまざまな効果を加える、「動くスタンプ」機能が用意されています。動くスタンプを追加した写真は、トークにも投稿することが可能なので、やり取りをより盛り上げたいときなどに利用しましょう。

1 起動後に[カメラ]をタップし、画面右下の◎をタップすると、動くスタンプを選択できる

LINE Cameraでは、過去に撮影した写真にフレームやスタンプを追加することも可能です。

INDEX
索引

数字
1Password	109
2段階認証を行う 🐦	202

英字
Apple ID	010
Coupon Book 💬	066
Cover Photo Maker for Facebook 無料版 📘	281
Facebook 📘	216
Facebook Groups 📘	281
Facebookとの連携を解除する 💬	116
Facebookの関連アプリ 📘	281
Facebookのセキュリティを強化する 📘	288
Facebookの友達を追加する 📷	128
Facebookページ 📘	266
Googleアカウント	012
Grab for Instagram 📷	146
Hootsuite	306
ID／電話番号検索 💬	030
IDの検索許可をオフにする 💬	104
IDの検索を許可する 💬	023
Instagram 📷	122
Instagramの関連アプリ 📷	146
Instagramの写真を共有する	305
Layout from Instagram 📷	146
LINE Keep 💬	117
LINE 💬	016
LINE@ 💬	065
LINE NEWS 💬	101
LINE Out 💬	088
LINE Play 💬	101
LINEコインをチャージする 💬	072
LINEスケジュール 💬	101
LINEとFacebookを連携する	310
LINEのIDを設定する 💬	022
LINEの関連・ゲームアプリ 💬	099
LINE マンガ 💬	100
Messenger 📘	268
Messengerでグループを作る 📘	270
QRコード 💬	028
QRコードを表示する 💬	231
QRコードを読み取る 💬	231
Twitter 🐦	160
URLを送る 💬	047
Webの記事を共有する 🐦	192

あ
アカウントの連携を解除する 📘	300
アカウントを完全に削除する 📘	302
アカウントを削除する 💬	119
アカウントを削除する 📷	158
アカウントを削除する 📘	213
アカウントを作成する 📘	218
アカウントを作成する 🐦	162
アカウントを取得する 📷	124
アカウントを追加する 📷	156
アカウントを非公開にする 📷	150
アカウントを利用解除する 📘	301
アクティビティログ 📘	264
アクティビティを追加する 📘	239
アドレスで知り合いを探す 🐦	166
アプリとの連携を解除する 📘	297
アプリの取得情報を制限する 📘	299
アプリをアンインストールする	014
アプリをインストールする	011, 013
アルバムを作る 📘	256
アルバムを作る 💬	039
いいね以外を送る 📘	253
いいね！を送る 💬	093
いいね！を確認する 📘	254
いいね！を付ける 📘	252
いいね！を付ける 📷	140
いいねを付ける 🐦	194
位置情報を送る 💬	046
位置情報を追加する 📷	137
位置情報を添付する 🐦	181

位置情報を投稿する 📘	245	公開リストを作成する 🐦	097
イベントスタンプ 💬	073	公式アカウント 💬	064
イベントを作成する 📘	262	コールクレジット 💬	087
引用ツイート 🐦	191	コメントする 📘	252
絵文字を送る 💬	044	コメントを確認・返信する 📘	255
おすすめLINEアプリ 💬	100	コメントを削除する 📷	141
おすすめの人 📘	233	コメントを付ける 📷	141

か

顔文字を送る 💬	044	最新のニュースを確認する 🐦	197
各SNSに写真を投稿する	304	自動追加機能をオフにする 💬	105
カバー写真を設定する 📘	223	自分の写真を確認する 📷	143
管理者を追加する 📘	278	写真付きでツイートする 🐦	183
キーワードで話題を探す 🐦	200	写真/動画を送る 💬	045
既読回避サポーター 💬	051	写真にタグ付けする 📘	258
既読を付けない 💬	049	写真の共有範囲を制限する 📘	295
機内モードで読む 💬	049	写真の同期をオフにする 📘	287
近況を確認する 📷	142	写真や動画を投稿する 📘	241
近況を投稿する 📘	238	写真や動画を投稿する 🐦	180
クーポンを利用する 💬	066	写真を削除する 📷	139
グループアルバム 💬	082	写真を撮影して投稿する 📷	132
グループから退会する 💬	084	写真を撮影する 🐦	182
グループ通話 💬	077	写真を編集する 📷	139
グループ内に投稿する 📘	274	知り合いかも？ 💬	033
グループなどの通知をオフにする 💬	060	知り合いかもを確認する 📘	232
グループのメンバーを確認する 📘	273	スタンプショップ 💬	073
グループにメンバーを追加する 📘	273	スタンプを送る 💬	042
グループノート 💬	083	スタンプを削除する 💬	075
グループへの参加を制限する 📘	278	相互フォロー 🐦	170
グループへの投稿を制限する 📘	279		

た

グループ名を変更する 💬	080	タイムライン 📘	216, 248
グループを作成する 💬	078	タイムラインに投稿する 💬	091
グループを退会する 📘	280	タイムラインの投稿範囲を変える 💬	095
グループを作る 📘	272	タイムラインの投稿を制限する 📘	293
グループを編集する 💬	080	タイムラインの投稿を編集する 💬	092
グループを編集する 📘	276	ダイレクトメッセージを送る 🐦	188
検索の範囲を変更する 📘	228	タグ付けを拒否する 🐦	208
検索履歴をクリアする 📘	265	タグ付けを制限する 📘	294

317

タグや位置情報を確認する	144	トークルームを退出する	077
タグを管理する	296	トークルームを非表示・削除する	063
タグを削除する	259	トークルームを表示する	038
タグを削除する	207	トークをバックアップする	053
他人の検索を拒否する	209	特定の投稿を非表示にする	096
ツイートに返信する	186	特定の友達以外に投稿する	244
ツイートにリンクを貼る	193	特定ユーザーのツイートを確認する	175
ツイートをFacebookに表示する	308	友だち	026
ツイートを共有する	175	友達の基本データを見る	236
ツイートを削除する	187	友だちの自動追加機能	033
ツイートを投稿する	177	友達の投稿をフィードでシェアする	250
ツイートを非公開にする	205	友達のフォローをやめる	237
通知設定を変更する	204	友達リクエストを送る	229
通知内容を非表示にする	057	友達リクエストを承認する	230
通知の種類を減らす	292	友だちをお気に入りに登録する	034
通知の詳細を変更する	059	友達を検索する	227
通知の設定を変更する	147	友達を削除する	237
通知をオフにする	312	友だちと通話する	085
通知をオフにする	058	友だちをトークルームに招待する	076
通知をチェックする	196	友達をブロックする	290
通知をプレビューする	050	友達をリスト分けする	260
ツール機能で写真を編集する	135	トレンドを確認する	199

な

名前を追加する	226
名前を編集する	225
2段階承認を行う	284
ニュースフィード	216, 238
人気ユーザーをフォローする	168
年齢認証	024
ノートの投稿を確認する	041
ノートを作る	040

は

ディズニーツムツム	100	配達状況を確認する	068
天気予報を確認する	067	ハイライトを閲覧する	198
電話番号を追加する	153	パスコードロックを設定する	102
動画付きでツイートする	183	パスワードを変更する	282
投稿画面へのリンクをコピーする	247	パスワードを変更する	154
投稿の公開範囲を変える	243		
投稿の承認を行う	279		
投稿を削除する	246		
投稿を友達のタイムラインにシェアする	251		
投稿を編集する	247		
トーク	037		
トークショートカットを作成する	063		
トークの便利テクニック	062		
トークリストを並べ替える	063		
トークルームの背景を変える	061		

318

INDEX 索引

パスワードを変更する 🟢 ……… 103	メッセージの受信を制限する 🐦 ……… 210
パスワードをリセットする 📘 ……… 283	メッセージを送る 🟢 ……………… 037
ハッシュタグ付きで投稿する 📷 ……… 138	メッセージを拒否する 🟢 ……… 106
ハッシュタグを活用する 📷 ……… 145	メッセージを削除する 🟢 ……… 038
ハッシュタグを付けてツイート 🐦 …… 184	メッセージを転送する 🟢 ……… 038
引き継ぎ設定をオンにする 🟢 ……… 112	メッセージを返信する 🟢 ……… 048
非公開設定を解除する 🐦 ……… 206	メンション 🐦 ……………… 178
ビデオ通話を発信する 🟢 ……… 086	メンバーを編集する 🟢 ……… 081
フィルタを設定する 📷 ……… 134	**や**
フォローした相手を確認する 🐦 ……… 169	ユーザー情報を設定する 📷 ……… 165
フォローとフォロワー 📷 ……… 148	ユーザー情報を追加する 📷 ……… 127
フォローとフォロワー 🐦 ……… 161	ユーザーの写真を確認する 📷 ……… 176
フォローリクエストを送る 🐦 ……… 206	ユーザー名で検索する 📷 ……… 130
フォローを解除する 📷 ……… 149	ユーザーをタグ付けする 📷 ……… 136
フォローを解除する 🐦 ……… 169	ユーザーをフォローする 📷 ……… 131
フォロワーを確認する 🐦 ……… 170	ユーザーをブロックする 📷 ……… 149
複数人でトークを行う 🟢 ……… 077	ユーザーをブロックする 🐦 ……… 172
複数の端末でログインする 🟢 ……… 118	ユーザーをミュートする 🐦 ……… 171
不審者を通報する 🟢 ……… 111	ユーザーをリストに追加する 🐦 ……… 174
不正ログインを確認する 📘 ……… 236	有料スタンプを購入する 🟢 ……… 073
ふるふる 🟢 ……………… 032	**ら**
ブロックされているか確認する 🟢 …… 036	ライブ動画を配信する 📘 ……… 242
ブロック／非表示にする 🟢 ……… 035	LINEの初期設定 🟢 ……… 018
ブロックを解除する 📘 ……… 291	リストを作成する 🐦 ……… 173
ブロックを解除する 🐦 ……… 172	リツイート 🐦 ……………… 190
プロフィール写真 🟢 ……… 021	リプライ 🐦 ……………… 178
プロフィール写真を設定する 📘 ……… 222	連動アプリを解除する 🟢 ……… 115
プロフィール写真を設定する 📷 ……… 126	連絡先から知り合いを探す 🐦 ……… 167
プロフィール写真を設定する 🐦 ……… 164	連絡先から友達を増やす 📷 ……… 129
プロフィールを設定する 📘 ……… 224	連絡先のアップロードを中止する 📘 … 285
ボイスメッセージを送る 🟢 ……… 047	連絡先をアップロードする 📘 ……… 234
ホームに投稿する 🟢 ……… 089	連絡先を送る 🟢 ……… 046
保存した写真や動画を投稿する 📷 …… 133	連絡帳を削除する 🐦 ……… 211
ま	ログアウトする 📘 ……… 221
メールアドレスを変更する 📷 ……… 152	ログアウトする 📷 ……… 157
メールアドレスを変更する 🟢 ……… 107	
メッセージに返信する 🐦 ……… 179	

319

■著者プロフィール
リブロワークス

書籍の企画、編集、デザインを手がけるプロダクション。扱うジャンルはスマートフォン、Webサービス、プログラミング、Webデザインなど、IT系を中心に幅広い。最近の著書は、『48歳からのウィンドウズ10入門』(インプレス)、『今すぐ使えるかんたんmini図解 HTML5&CSS3』(技術評論社)、『12歳からはじめる ゼロからのC言語 ゲームプログラミング教室』(ラトルズ) など。

■カバー・本文デザイン
米倉英弘 (株式会社 細山田デザイン事務所)
■DTP制作
リブロワークスデザイン室
■執筆協力
大森沙織、酒井麻里子

LINE&Instagram&Twitter&Facebook 完全活用マニュアル

2016年6月3日初版第1刷発行

著者　リブロワークス
発行人　片柳秀夫
編集人　佐藤英一
発行　ソシム株式会社
　　　 http://www.socym.co.jp/
　　　 〒101-0064 東京都千代田区
　　　 猿楽町1-5-15 猿楽町SSビル
　　　 TEL：(03) 5217-2400 (代表)
　　　 FAX：(03) 5217-2420

印刷・製本　音羽印刷株式会社

定価はカバーに表示してあります。
落丁・乱丁本は弊社編集部までお送りください。
送料弊社負担にてお取替えいたします。

ISBN978-4-8026-1053-7
©2016 LibroWorks Inc.
Printed in Japan

●本書の一部または全部について、個人で使用するほかは、著作権上、著者およびソシム株式会社の承諾を得ずに無断で複写/複製することは禁じられております。
●本書の内容の運用によって、いかなる障害が生じても、ソシム株式会社、著者のいずれも責任を負いかねますのであらかじめご了承ください。
●本書の内容に関して、ご質問やご意見などがございましたら、左記までFAXにてご連絡ください。なお、電話によるお問い合わせ、本書の内容を超えたご質問には応じられませんのでご了承ください。